EL INFINITO

¿Un viaje o un destino?

FRANCESC ROSSELL I PUJÓS

Shackleton books

El infinito. ¿Un viaje o un destino?
© Francesc Rossell i Pujós, 2019
© de esta edición, Shackleton Books, S. L., 2024

Shacklet⊘n
— b o o k s —

(f) (y) (©) @Shackletonbooks
shackletonbooks.com

Realización editorial: Bonalletra Alcompas, S. L.
Diseño de colección: Lookatcia
Diseño de cubierta: Lookatcia
Diseño: Kira Riera
Maquetación: reverté-aguilar
© Ilustraciones: Francesc Rossell i Pujós
© Fotografías: todas las imágenes de este volumen son de dominio público

Depósito legal: B 10683-2024
ISBN: 978-84-1361-324-6
Impreso por EGEDSA (España)

CONTENIDO

Prólogo

Cuidado: *spoilers.* El reciente blockbuster de ciencia ficción *Infinite* (2021) tiene este título porque su protagonista, Evan McCauley (interpretado por Mark Wahlberg), ha vivido miles de vidas sin ser plenamente consciente de ello... Sin embargo, matemáticamente hay una gran diferencia entre «miles» e «infinitas», con lo cual el título de la película no es precisamente acertado. Aunque, claro, todo esto depende de lo que se entienda por «infinito»: en este caso, algo *muy grande. Inmenso.*

En cualquier caso, para descubrir sus (infinitas) vidas anteriores y, de paso salvar a la humanidad (por si alguien tiene dudas: esta película no ganó un Oscar al mejor guion, aunque sí fue nominada a diversos premios a la peor película), McCauley deberá acordarse de algo muy importante; tan importante que lo lleva tatuado en el pecho: «Mira adentro». Y aquí sí que coinciden las matemáticas y el cine, porque para conocer el infinito es necesario adentrarse en él, conocer las vidas de aquellos que han reflexionado acerca del infinito, hasta lograr conocer la verdad. Por eso, si queremos salvar al mundo de la destrucción, como Mark Wahlberg, debemos adentrarnos en el infinito.

Pero empecemos por el principio: ¿De qué hablamos cuando hablamos del infinito? ¿El infinito existe de verdad? Y así tenemos nuestra primera controversia, pues algunos dicen que sí, y otros dicen que no.

Los que dicen que sí han utilizado, a lo largo de la historia de la humanidad, muchos argumentos, pero el más directo es: «¿cómo no va a existir, si todo el mundo habla de él? ¡Pero si incluso en Corea hay una *boyband* que se llama así!». El infinito es, por así decirlo, el último paso que daría una persona que anduviese todos los caminos del mundo. No hay duda de que existe ese último metro, aunque nadie haya terminado nunca la (infinita) tarea de andar por todo el mundo. No hace falta que nadie se pase su vida entera (o sus infinitas vidas, si se trata del personaje de Evan McCauley) andando, para demostrar que este «último metro andado» existe, ¿verdad? Ese último metro es un metro igual que el primero, con la única diferencia que todavía nadie ha llegado allí, y nunca nadie va a lograrlo. Pues ocurre lo mismo con el infinito: si empiezas a contar de uno en uno, sabes que al cabo de un tiempo infinito llegarías al infinito; pero que no tengas tiempo de terminar nunca de contar no significa que el infinito no esté ahí, que no exista. Siempre se podría ir más allá y seguir contando, de igual forma que, una vez recorrido el último metro de todos los caminos de este mundo, se puede seguir andando por todos los caminos nuevos que se han ido construyendo desde que se empezó el paseo.

El infinito, por descontado, existe, y es un número exactamente igual que el número uno, o el número π.

Los que dicen que no, por su parte, también han esgrimido muchos argumentos a favor de su tesis a lo largo de la historia, pero el más directo es: ¿cómo va a existir en el mundo real, en el de verdad, algo que cuando le sumas una unidad se queda igual? No cabe en ninguna mente humana, en ningún mundo real, algo que se queda igual cuando les añades cosas. Podemos utilizar símbolos mágicos o tatuarnos un infinito en el brazo, si así lo deseamos, pero también podemos tatuarnos un elfo, o un Hobbit (aunque no se me ocurren muchas personas que quieran llevar a Frodo en el brazo), pero eso no significa que el infinito, los elfos o los Hobbits existan. Podemos imaginarnos algo muy grande, algo inmensamente grande, como la fortuna de Jeff Bezos (unos 200 000 millones de dólares, millón arriba, millón abajo) o el amor entre dos adolescentes alocados (o entre dos ancianos que llevan 70 años enamorados, que también los hay), pero siempre se puede sumar algo más a esas cantidades. Si nos ponemos filosóficos, podríamos decir que todo el amor que hay en el mundo forma un «amor infinito», y podríamos incluso darle un nombre a esa cantidad infinita de amor, por ejemplo, cuando se dice «Dios es el amor infinito». Pero eso no quita que, en realidad, Dios no forma parte de nuestro mundo real. Existen cosas tangibles, más «verdaderas», como el amor entre dos personas, pero ese «amor infinito» no es de este mundo, aunque nos empeñemos en profesar amor infinito a nuestras parejas. Definitivamente, nuestro mundo real, nuestra mente, nuestra comprensión, no han sido creadas para incorporar un infinito real. Algunos matemáticos no son de este mundo, y por eso pueden pensar en un infinito que exista en su mundo, pero las personas que vivimos en un mundo real sabemos que el infinito no existe. Pero también hay otros matemáticos, que viven con los pies en el suelo, que saben que el infinito no es más que un artilugio, una herramienta útil para realizar cálculos, pero que no refleja nada que sea real.

Ya ves, apreciado lector, que el infinito ha levantado controversias y, desde el minuto cero de la historia, la humanidad ha intentado dar respuesta a la pregunta sobre su existencia.

A lo largo de mi vida de estudiante de matemáticas (más o menos, desde los 3 años hasta la actualidad) me he encontrado en diversas ocasiones frente al infinito. Y siempre me ha asaltado esa misma pregunta. Quizás el símbolo ∞ sea la representación de un número, de una cantidad, como lo son, por ejemplo, los símbolos 1, $\sqrt{2}$, o π, o quizás no sea nada más que el producto de la imaginación excesiva de nuestra mente. En general, la respuesta dependía de la asignatura concreta que estaba estudiando y del profesor en particular que la impartía, y yo no prestaba demasiada atención a las inconsistencias derivadas de ir cambiando de opinión en función del momento. Pero de vez en cuando me asaltaba la duda, especialmente cuando alguno de los profesores nos retaba a ir «más allá» del temario propio de la asignatura y buscar conexiones con otras asignaturas: el análisis y la lógica, el álgebra y la computación, la teoría de la medida y la física, etc. Un mundo maravilloso, en el que las cosas tenían sentido y carecían de él a partes iguales (al menos para nosotros, simples estudiantes ansiosos por aprobar la materia). Y a mí me fascinaba.

El infinito-número y el infinito-inalcanzable son dos formas de interpretar algo que se escapa de la mente finita (y, por tanto, limitada) de los humanos. Somos capaces de pensar y de escribir números muy grandes, pero el salto al infinito desde estos números grandes es, todavía, un salto demasiado grande para nuestros esquemas tradicionales. Aunque Buzz Lightyear sea tan poderoso que pueda saltar «hasta el infinito y más allá», un salto de ese calibre no es fácilmente alcanzable para los humanos ni para sus mentes.

Por fortuna, las ciencias avanzan y, hoy en día, la física nos proporciona una descripción precisa de lo que significa este salto necesario para pasar de números muy grandes al infinito: un salto *cuántico*. Este salto cuántico, como en la física, no se da una sola vez, sino que tiene lugar cuando se pasa, por ejemplo, del «infinito numerable» al «infinito incontable», y quizás incluso más allá...

En tanto que lenguaje de comunicación de ideas, las matemáticas utilizan a veces algún término polisémico, que puede generar confusión si no se presta atención al contexto. El *quid* de la cuestión, por tanto, no está en dilucidar si el símbolo ∞ representa una entelequia inalcanzable o un número real (o sea un ente numérico, un miembro de pleno derecho del club de los números), sino en utilizar la acepción del término que mejor se adapta al contexto en que nos movemos. Y, como todo lingüista sabe, dominar el lenguaje es una tarea que requiere paciencia, tiempo y, especialmente, mucha práctica. De este modo, según el momento y según las circunstancias, podremos utilizar de forma experta el infinito, mirándolo como un número real o simplemente como una herramienta de cálculo.

Espero que el presente escrito te anime a profundizar en la práctica del bello arte de las matemáticas, a través de un viaje hacia el infinito que, quizás, empiece hoy mismo. Vamos a introducirnos en este mundo siguiendo el camino que han recorrido algunos matemáticos ilustres a lo largo de la historia.

La historia nos permite entender las terribles dificultades padecidas en la comprensión de los conceptos de límite, por ejemplo, o de continuidad, ambos conceptos ligados al infinito «potencial», e incluso preguntarnos sobre los cimientos mismos de las matemáticas al explorar el infinito «real». Y es que la historia del infinito abarca prácticamente desde el inicio de las matemáticas (cuando el encontronazo con el infinito generó un rechazo frontal a la idea, como también lo generó en su momento la idea de aceptar que el cero es un número) hasta finales del siglo XIX e inicios del siglo XX con la sistematización y definición del infinito en cuanto a realidad, e incluso hasta nuestros días.

Y, sobre todo, espero que mientras recorremos juntos este viaje veas nuevas posibilidades, nuevos caminos que todavía están por recorrer en el mundo de las matemáticas. ¿Te animas?

El infinito no existe más que en potencia. ¿O sí?

«Ninguna pregunta ha movido tan profundamente el espíritu del hombre, ninguna idea ha estimulado tan fructuosamente su intelecto, ningún concepto tiene una mayor necesidad de aclaración que el del infinito».

DAVID HILBERT (1862-1943).

En el estudio científico en general, y matemático en particular, algunos investigadores logran vivir grandes días. Son días en que se dan cuenta de que acaban de descubrir algo nuevo o han conseguido demostrar lo que hasta entonces era una mera conjetura; o sencillamente el día en que culmina todo un proceso de investigación.

Esos grandes días son los que marcan el avance de la ciencia.

También ha habido días en la historia de las matemáticas en los que nada parece tener sentido, las investigaciones llegan a un punto muerto o, simplemente, el investigador se encuentra desbordado y necesita parar. Esos días no se conciben como *grandes*, sino todo lo contrario, aunque muchas veces son la semilla de nuevas líneas de investigación, el inicio de algo mucho mejor. Las jornadas que no son *grandes días* también hacen avanzar las matemáticas.

La exploración del infinito empieza durante un *gran día*.

§

Hoy es un gran día para **Anaximandro** (610 a. C. - 545 a. C.), un joven y entusiasta estudiante de Mileto. Su maestro, **Tales** (623 a. C. - 546 a. C.), acaba de elogiarle por su explicación acerca de cómo es el mundo y su entorno. La tesis de Anaximandro establece, al contrario de todo lo que se ha dicho y escrito a lo largo de la historia, que la Tierra no se sustenta sobre elefantes, ni sobre pilares, ni nada parecido. La Tierra, según Anaximandro, es un disco de un grosor relativamente pequeño que flota en el espacio. Aire por arriba, aire debajo, aire a su alrededor.

Anaximandro tenía ciertas dudas sobre cómo reaccionaría su maestro ante tal teoría. Si bien es cierto que, según esta nueva visión, es más fácil entender por qué

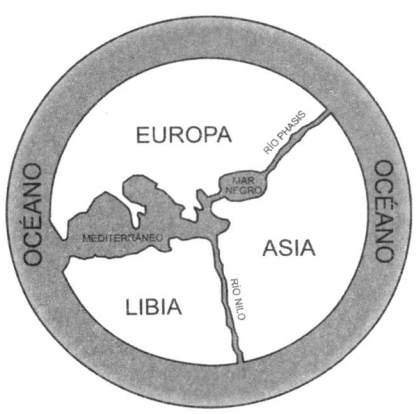

Figura 1. Vista aérea
de la Tierra según
Anaximandro.

el Sol y otras estrellas *desaparecen* para *aparecer* de nuevo al cabo de unas horas (simplemente, giran alrededor
de la Tierra en un movimiento circular, por lo que no las
vemos cuando pasan por debajo de esta), en todos los
textos que ha consultado, procedentes incluso de lugares
tan lejanos como Egipto, la Tierra se describe *apoyada*
sobre algo. Anaximandro empezó a dudar de estas teorías cuando encontró una nueva que permite explicar los
movimientos del Sol y por qué lo vemos durante el día y
dejamos de verlo durante la noche. Las alabanzas de su
maestro le han causado una gran satisfacción y le animan
a seguir en su idea de cuestionarse todo lo que a su alrededor se da por sentado. Pero, claro, una cosa es poner
en duda unas teorías formuladas siglos atrás y otra muy
distinta es poner en cuestión, directamente, las enseñanzas de su maestro. ¿Quién osaría dudar de las teorías del
gran Tales?

Anaximandro, quizá.

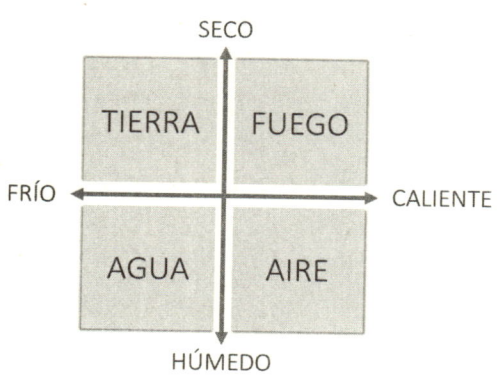

Figura 2. Los cuatro elementos constitutivos de la materia junto con sus propiedades.

En su búsqueda para conocer de qué están hechas las cosas, cuál es la materia prima que constituye todo lo que vemos a nuestro alrededor (el *arjé* o *ἀρχή*), Tales postuló que se trata del agua. Todo está constituido por agua, el espíritu vivo, inteligente, que guía en definitiva los procesos de nacimiento, transformación y muerte de todas las cosas: personas, animales, plantas... todos necesitamos agua para nacer y crecer, y no disponer de ella nos lleva a la muerte.

Anaximandro tiene una objeción importante a lo que explica Tales: como está claro que el mundo está constituido de cuatro elementos —aire, agua, fuego y tierra (no hay ninguna duda de esto, por descontado)—, no es posible, por tanto, que un solo elemento de estos cuatro. —el agua— pueda ser constitutivo de los otros tres; basta con tener en cuenta que el agua es un elemento húmedo y frío, mientras que el fuego es caliente, como el aire, y la tierra es seca.

Tales debe de estar equivocado. El *arjé* no es el agua, como tampoco lo podría ser ninguno de los otros tres elementos constitutivos de la materia. Lo que explica todo, lo que constituye todo, no puede ser un subconjunto de este todo. En particular, no puede ser que el *arjé* sea algo definido, finito, por cuanto constituye la materia esencial de todo lo que ha habido y habrá, en este mundo y más allá. El *arjé* tiene que ser, necesariamente, infinito. O, en griego, *ápeiron* (ἄπειρον). Ninguno de los cuatro elementos principales podría ser el *arjé*, porque, al fin y al cabo, se trata de sustancias limitadas, finitas, mientras que el *arjé* tiene que ser infinito, en cuanto que fuente de todo lo creado y lo que está por crear.

En cualquier caso, sí que existe una relación entre los cuatro elementos y el *ápeiron*, según Anaximandro: el *ápeiron* es, precisamente, la combinación de los cuatro elementos, que se mezclan para formar una sustancia indefinida, nueva, que está siempre en movimiento. Y, con el movimiento, el *ápeiron* se separa en las sustancias simples, es decir, los cuatro elementos, rigiendo de este modo los ciclos de creación, transformación y también de destrucción, pues todo lo que muere regresa al *ápeiron*.

El *ápeiron* es infinito. De hecho, es *el* infinito. Y existe en la realidad, rige los procesos naturales, aunque no seamos capaces de verlo. Es como un dios. Aunque los dioses, que también son sustancias, están constituidos a su vez por el *ápeiron*. El *ápeiron* es, por tanto, una especie de dios de dioses, más poderoso que Zeus. Todos somos parte del *ápeiron*, del infinito, que está en nosotros y nosotros en él (como la fuerza en *Star Wars*).

Cuanto más piensa en ello, más convencido está Anaximandro de dos cosas: la primera es que hoy es un gran día para él porque ha recibido las alabanzas de su maestro, el gran Tales de Mileto. Y la segunda es que hoy no va a ser el día en que Anaximandro exponga su visión del *arjé* a su maestro. No se arriesgará a estropear un gran día. Quizá mañana.

§

Hoy es un gran día para **Aristóteles** (384 a. C. - 322 a. C.): regresa a Atenas después de seis años como tutor de Alejandro Magno, el hijo del rey Filipo II de Macedonia. Seis años atrás, Alejandro era un joven con mucho futuro, destinado a gobernar un gran imperio, y Aristóteles aceptó el encargo, con 41 años ya, porque vio en él una última oportunidad para organizar un gran centro de conocimiento donde seguir investigando y expandiendo el saber hacia todos los rincones del mundo.

Siendo tutor de la corte ha podido formar una buena biblioteca, en la que ha ido recopilando el conocimiento del mundo actual, aunque sus quehaceres le han restado mucho tiempo para escribir acerca de sus investigaciones y pensamientos. Ahora ha llegado el momento de cambiar, con 47 años ya, y regresar a Atenas, seis años después de marchar a Macedonia, y diez tras abandonar la Academia de Platón.

Aristóteles y Platón en la Academia, en un cuadro de Rafael de 1509. Aristóteles señala al suelo, al mundo material, mientras que Platón señala al cielo, al mundo de las ideas.

«Que ningún ignorante en geometría entre aquí», rezaba un mensaje a las puertas de la Academia. Y, en verdad, los auténticos maestros en geometría han pasado por allí. Como **Eudoxo** (390 a. C. - *c.* 337 a. C.), de Cnido, un discípulo mayor que Aristóteles cuyos métodos de razonamiento matemático le cautivaron. Eudoxo hablaba de magnitudes particionables, es decir, de cantidades muy pequeñas, tan pequeñas como se quisiera, que podían utilizarse para medir magnitudes más grandes.

De hecho, Eudoxo generó grandes debates en la Academia, porque razonaba desde un punto de vista diferente, desconocido hasta ese momento: los números están tan cercanos unos de otros que parecen, literalmente, pegados. O sea, entre dos números, por muy próximos que estén, siempre se puede hallar un tercer número en medio de los dos. Aristóteles sabe que el punto de vista de Eudoxo es erróneo: *¿cómo podríamos pasar, si no hubiera una distancia entre ellos, de un número al siguiente?* Además, Aristóteles conoce perfectamente los escritos que dejó **Zenón de Elea** (490 a. C. - 430 a. C.), como la paradoja de la flecha y la diana, en la que concluía que la flecha nunca llegaría a la diana: si los números estuvieran efectivamente *pegados* unos a otros, es decir, si en los segmentos que trazamos siempre existiera un número en cualquier punto de la recta, entonces para que la flecha pueda llegar a la diana debe recorrer primero la mitad del camino. Pero antes de llegar a la mitad, tiene que llegar al punto que está a mitad de camino entre el arco y la primera mitad. Y antes de llegar ahí, de nuevo, tiene que recorrer la mitad de camino entre el arco y la segunda mitad. Si este proceso no tuviera fin (o sea, si fuera *infinito*), entonces está claro que la flecha nunca llegaría a la diana porque, de hecho, no llegaría ni siquiera a salir del arco. En un mundo con todos los números *pegados*, el movimiento no existe. Y como, no obstante, las flechas suelen salir del arco (al menos, si el arquero tiene una cierta destreza) y llegar con más o menos precisión a la diana, parece obvio que no existe en realidad tal cantidad infinita de números. Sí que, en teoría o *en potencia*, podríamos ir repitiendo sin fin el proceso de partir un segmento en dos mitades, igual que en teoría podríamos ir contando nuestros pasos o granos de arena en un proceso sin fin. Pero, claro, en la realidad finita de nuestro universo finito, esto no es posible.

Aristóteles piensa en el infinito mientras se prepara para su paseo matutino. «¡Qué gran genio, Zenón!». El filósofo de Estagira está convencido de que, en cuanto empiece a escribir, sin duda lo hará sobre los argumentos de Zenón y también sobre la forma que tenía de demostrar sus argumentos: por reducción al absurdo (véase el recuadro de las pp. 24 y 25). Seguramente será uno de los primeros temas que Aristóteles tratará en cuanto se ponga a escribir. De Zenón, de sus paradojas y también de Eudoxo. Aunque no le gusten sus razonamientos, hay que reconocer que su método para calcular superficies y volúmenes es muy ingenioso. Aristóteles debe admitir que el razonamiento de Eudoxo, en tanto que *artilugio*, permite visualizar de algún modo el proceso que consiste en buscar y utilizar partes cada vez más pequeñas para medir cantidades que, de otra forma, resultarían muy difíciles de calcular.

Para medir una superficie, Eudoxo la llenaba con rectángulos muy finos (pero con superficie conocida), de forma que casi no quedaban espacios sin rellenar y luego, simplemente, sumaba las superficies de estos rectángulos. Si cada vez se eligieran rectángulos más finos, en un proceso sin fin (o sea, si se eligieran rectángulos infinitesimales), Eudoxo asegura que su método llegaría a calcular exactamente la superficie de la figura.

Pero, claro, estamos hablando de posibilidad, de potencia, no de realidad. Para Aristóteles, lo que no podemos experimentar no lo podemos conocer. Quizá sea

La reducción al absurdo

La reducción al absurdo es una técnica de demostración popularizada por Zenón que consiste en suponer que lo que en realidad se quiere demostrar es falso y llegar a una afirmación absurda (como, por ejemplo, cuando tu amigo Juan te dice «Si esto es cierto, yo me llamo Pepe...»). En realidad, es una técnica muy común en el razonamiento humano, lo cual en muchos casos facilita la comprensión de las demostraciones.

Por ejemplo, para demostrar que existen infinitos números primos (un número es llamado «primo» si solo es divisible entre 1 y entre él mismo, como por ejemplo el 2 o el 13, pero no el 6), Euclides utilizó para la demostración la técnica de reducción al absurdo:

- Vamos a suponer que es falso que existan infinitos números primos: supongamos que hay en realidad una cantidad n de

cierto, como decía su difunto maestro **Platón** (*c.* 427 a. C. - 347 a. C.), que la realidad está más allá del mundo que percibimos, mientras que en nuestro mundo, que llamamos «real», solo existen percepciones. Quizá en el mundo platónico de las auténticas realidades, el mundo ideal, exista el infinito. Pero aquí, en el mundo *real*, solo existe lo que podemos percibir: la finitud.

La verdad es que el método de Eudoxo es bastante bueno, aunque siempre se obtienen valores por debajo números primos. Llamemos a dichos números primos p_1, p_2, p_3, ..., p_n. Estamos en la suposición de que no existen más números primos que estos n números.

- Calculemos ahora el número $p = p_1 \times p_2 \times p_3 \times ... \times p_n + 1$.

- Observamos que p no es divisible entre ningún número primo (porque el resto de la división entre cualquier número primo es igual a 1, luego la división no es exacta).

- Entonces, p es un número primo, lo cual es **absurdo** porque hemos empezado diciendo que los números primos son solamente p_1, p_2, p_3, ..., p_n.

- Como hemos llegado a un absurdo, nuestra hipótesis de partida tiene que ser falsa. Es decir, la cantidad de números primos debe ser infinita. O, según las palabras del propio Euclides: «La cantidad de números primos es mayor que cualquier cantidad que nos imaginemos de números primos». ∅

de las medidas reales porque siempre queda alguna pequeña parte de la superficie sin rellenar. En cualquier caso, mediante este método Eudoxo demostró que la relación de superficies de dos círculos distintos es igual al cuadrado de la relación de sus radios, lo cual es una expresión que a Aristóteles se le asemeja muy bella desde el punto de vista geométrico. Además, Aristóteles recuerda que alguien le habló de que Eudoxo había desarrollado un sistema parecido para calcular volúmenes, mediante

Figura 3. Método de Eudoxo de cálculo de superficies a partir de rectángulos infinitesimales.

prismas rectangulares, según el cual había demostrado que la relación de volúmenes entre dos esferas es igual al cubo de la relación de sus radios. Cuadrados para superficies y cubos para volúmenes, es la belleza de la geometría, de nuevo.

En cualquier caso, y en previsión del poco tiempo que tiene Aristóteles, quizá deje para más adelante escribir sobre Eudoxo, para centrarse en otras cuestiones más reales, y menos potenciales; al fin y al cabo, piensa Aristóteles, aunque Eudoxo esté trabajando con la idea del infinito y llegue a bellos resultados geométricos, la razón empírica (no puede haber otra, por mucho que el maestro Platón hablara del mundo ideal) nos demuestra que vivimos en un universo finito, en constante movimiento, y que no hay nada más allá de lo finito. Quizá no sea tan imprescindible dedicar su escaso tiempo a hablar de lo infinito y se dedique a escribir sobre temas más importantes, como por ejemplo los conceptos de cambio, de movimiento, entendido como el paso de lo que está todavía en potencia a lo que realmente ocurre. Por ejemplo, un niño es un adulto en potencia, aunque *en acto* es un niño. Por eso *actúa* como un niño. Los cambios que experimente irán hacia la realización del acto de ser adulto, pero mientras no llegue a la edad adulta, seguirá siendo adulto solamente en potencia.

Del mismo modo, piensa Aristóteles, un número, una magnitud, es un infinito en potencia, porque podría ser convertido en *números cada vez mayores* mediante la suma de unidades, pero eso no significa que el infinito sea real, porque no se llega nunca a él: siempre se puede ir sumando una unidad, sin fin.

Al final, el infinito en potencia y el infinito real (por llamarlo de alguna manera, porque en realidad no existe) quizá *sí sean temas sobre los que Aristóteles escriba*, porque los conceptos de potencia y acto van surgiendo en su cabeza a cada instante, acerca de todo lo que Aristóteles piensa y observa.

Ha llegado, pues, el momento de pasar de los escritos *en potencia* a los escritos *en acto*. Aristóteles toma unos pergaminos y empieza a escribir.

§

Hoy es un gran día para **Arquímedes** (287 a. C. - 212 a. C.), un joven que está trabajando en Siracusa, desarrollando las ideas que ha leído sobre un sabio de la Antigüedad, Eudoxo.

En este día, Arquímedes ha conseguido completar el desarrollo de un método para calcular la relación entre la periferia de un recinto circular (o sea, su perímetro) y su diámetro (parece que se está poniendo de moda llamar a las cosas de forma abreviada y en lugar de περιφέρεια, o sea, la *periferia*, le llaman simplemente π; seguro que esta moda pasajera no durará mucho). Arquímedes encierra

Figura 4. El método de exhaución que Arquímedes utilizó para calcular el número π.

la circunferencia en cuestión entre dos polígonos regulares, de forma que la longitud de la periferia será mayor que el perímetro del polígono inscrito (o sea, el que queda dentro de la circunferencia) y, a su vez, menor que el perímetro del polígono circunscrito (o sea, el que queda fuera). Tomando polígonos con cada vez más lados, la circunferencia va quedando cada vez más *atrapada* entre los dos perímetros. Según Eudoxo, este proceso no tendría fin, pero Arquímedes, que ha leído también a otro clásico —Aristóteles—, sabe que ese *no fin* que menciona Eudoxo, ese infinito, solo lo es en potencia. Arquímedes afirma que con su método ha calculado el valor de π y que su procedimiento de «encerrar la circunferencia hasta que quede exhausta», de ahí el nombre de «método de exhaución», «atrapada entre dos polígonos» es válido también para el cálculo de superficies, lo que ofrece resultados incluso mejores que el método de los rectángulos de Eudoxo.

Pero hoy no solo es un gran día por este motivo; al fin y al cabo, ha perfeccionado su método, pero podría haberlo hecho ayer mismo o mañana. Lo que hace que hoy sea un gran día para Arquímedes es que, casualmente,

¿Cuántos granos de arena tiene la tierra?

Arquímedes se planteó el reto de decidir si cabrían infinitos granos de arena en la Tierra o, por el contrario, su cantidad se podría expresar mediante un número finito. Con el lenguaje y los conocimientos propios de la antigua Grecia, Arquímedes estableció su recuento particular a partir de las miríadas, que era el nombre que los griegos daban a la cantidad de 10 000:

- En una semilla de amapola cabe una miríada de granos de arena (10 000 granos).
- En el ancho de un dedo caben como mucho 40 semillas de amapola, una junto a otra (400 000 granos).
- En un estadio cabe como mucho una miríada de dedos alineados (4 000 000 000 granos o, en notación griega, 40Ω).
- La Tierra es esférica y su perímetro es como mucho igual a 300 miríadas de estadios (12 000 000 000 000 000 granos, o 1,2Ω^2)
- El volumen de una esfera (la Tierra) es inferior al cubo de su perímetro —en realidad es igual al cubo del perímetro dividido entre 6π^2, aunque esto se desconocía por entoces–.
- Entonces, si toda la Tierra estuviera completamente formada por granos de arena, contendría a lo sumo 1728 × 10^{45} granos o 1,728Ω^6. El número de granos de arena de la Tierra es menor y, por tanto, es finito y se puede contar. $\emptyset$

hoy también ha finalizado la ardua tarea de contar todos los granos de arena que cabrían en la Tierra; es parte de una proeza jamás igualada hasta ahora y, para Arquímedes, una prueba más de que lo que antaño se creía como «imposible de ser contado», en realidad, es medible.

Para obtener la cantidad de granos de arena, Arquímedes ha inventado números más grandes que el número más grande pronunciado hasta ahora, que es Ω (o sea, una miríada de miríadas). Arquímedes, simplemente, ha seguido calculando a partir de ahí: $\Omega + 1, \Omega + 2, ..., 2\Omega, 2\Omega + 1, ..., \Omega^2, \Omega^2 + 1, \Omega^\Omega$. A este último número, que parece ya monstruosamente grande, Arquímedes lo ha llamado π. Y no se ha detenido aquí, sino que, sumando, ha llegado hasta $2\pi, \Omega\pi, \pi^2$ y, finalmente, hasta el mayor número jamás definido hasta ahora y que es definitivamente mayor que todos los granos de arena que caben en todos los planetas del universo: π^Ω. Potencialmente se podría ir incluso más lejos, pero en realidad no hace falta: no hay nada más que contar en todo el universo.

El día de hoy será recordado, piensa Arquímedes, como aquel en que se resolvió definitivamente el dilema acerca del infinito: puede ser intelectualmente interesante pensar en el concepto del infinito, pero, en realidad, todo es finito. Incluso los granos de arena.

§

Hoy es un gran día para **Tomás de Aquino** (1225-1274): finalmente ha completado el estudio del gran filósofo musulmán **Ibn Rushd** (1126-1198) con el que culminará su investigación teológica acerca de la infinitud de Dios. Tomás de Aquino ha estudiado a fondo los escritos de Aristóteles, que presentan a Dios como el único infinito. Y ha observado que Ibn Rushd (o Averroes, como lo llaman en la cristiandad, quizá para ocultar su origen infiel) sostiene el mismo punto de vista: solo el conocimiento de Dios es absoluto e infinito y el ser humano, en cuanto que finito,

Edición de 1595 del libro de Tomás de Aquino sobre la Física de Aristóteles.

capta la realidad como algo finito, con un principio y un fin. Dios construye rectas y los hombres vemos segmentos. La finitud del hombre le impide comprender el infinito, por lo que ha optado por medir la realidad, como si todo debiera tener un inicio y un final. El tiempo, para Ibn Rushd, no es más que un estado subjetivo. Y Tomás no puede estar más de acuerdo: la infinitud de Dios sobrepasa toda otra infinitud pensable, incluida la infinitud del tiempo y del espacio. Dios no solo es infinito, sino infinitamente infinito. Y, por supuesto, sus cualidades son también infinitas: el amor de Dios, el poder de Dios y el saber de Dios son asimismo infinitos. Y, por ser Dios real (¡por descontado!), estamos hablando de un infinito real, existente. Los hombres, como mucho, vemos el infinito como algo en potencia, tal como decía Aristóteles, como aspiración a la infinitud divina. Nuestros actos de amor son una aspiración al amor de Dios, así como nuestro saber, finito, es una aspiración al saber infinito de Dios.

Después de años de estudio, Tomás de Aquino lo tiene claro: Dios se distingue de cualquier otra realidad que contenga el concepto de «infinito». Por ejemplo, al hablar de la realidad de los números, Tomás de Aquino ha llegado a la conclusión aristotélica de que el conjunto de números es tan solo potencialmente infinito, en el sentido de que podríamos ir añadiendo nuevos números al conjunto, podríamos incluso inventarnos nuevos nombres para nuevos números (tal como hizo Arquímedes hace casi 1500 años al contar granos de arena), pero no habríamos llegado nunca al infinito. Solo existe un infinito realmente, que es Dios. El resto de infinitos son, simplemente, caminos hacia Él.

Tomás de Aquino recuerda sus años como discípulo de **Alberto Magno** (1206-1280), quien le introdujo por primera vez en los textos de Aristóteles y le animó a que profundizara en el estudio de diversas fuentes de conocimiento. Tomás de Aquino aún recuerda las palabras pronunciadas por su maestro cuando, en una discusión teológica, Tomás se quedó sin saber qué decir: «Parece que nuestro buey se ha quedado mudo. Pero estoy seguro de que este buey producirá tales bramidos con su saber que se oirán en el mundo entero». Desde ese día, Tomás se dispuso a aprender todo lo humanamente posible y escribir un compendio del saber.

Y hoy Tomás de Aquino empezará a escribir sobre Ibn Rushd y Aristóteles, porque en el seno de la Iglesia se está extendiendo el rumor de que sus ideas podrían ser heréticas. ¡Incluso el obispo de París condenó a la excomunión a quienes las defendieran! Si todos los necios que critican sin saber hubieran leído un poco con los ojos de la fe, seguramente estarían alabando a Ibn Rushd y mandarían esculpir estatuas de Aristóteles para coronar los templos. No es la religión del escritor lo que le interesa a Tomás de Aquino, sino la sabiduría que se puede extraer de lo que está escrito. ¿Cómo podría Tomás de Aquino haber accedido al conocimiento de Aristóteles (y de Platón) si no hubiera sido a través de las referencias que ha ido encontrando en diversos textos escritos por musulmanes e, incluso, por judíos? Nada sabría Tomás de Aquino de Aristóteles, nada podría decir o escribir acerca de la infinitud real de Dios si no fuera por los legados de los que le precedieron.

Tomás de Aquino ha oído hablar del obispo **Robert Grosseteste** (1168-1253), que en la Universidad de Oxford ha traducido al inglés las obras de Aristóteles y otros sabios de la antigua Grecia y habla del infinito en términos muy distintos: según Grosseteste, en el inicio de los tiempos Dios creó la primera forma (un punto de luz) y la primera materia, ambas sin tamaño, indivisibles y simples. La adición o multiplicación finita de los elementos simples no podría producir un elemento con tamaño; al contrario: según Grosseteste, solamente la *multiplicación infinita* de elementos simples (primera forma y primera materia) podría generar elementos con un tamaño definido (finito). De este modo, para la creación de objetos con diferentes tamaños, Grosseteste apunta que existen infinitos de diferentes tamaños, con relaciones distintas (numéricas o no numéricas) entre ellos. La infinita multiplicación del punto de luz inicial expandió la primera materia dándole una forma esférica (puesto que la luz se difunde esféricamente) y se crearon, por procesos de expansión y de compresión de infinitos puntos de luz, las esferas que conforman el universo.

Grosseteste afirma que, hablando en términos geométricos, las rectas contienen una infinidad de puntos, que serían los elementos simples, sin dimensión. Al igual que en la conformación del universo, los puntos son parte de la recta y, aunque no tienen dimensión, su unión infinita conforma las rectas, que tienen dimensión igual a 1 (porque hacia una sola dirección podríamos recorrer todos los puntos de una recta; en cambio, un plano tiene dimensión igual a 2 porque necesitamos dos direcciones perpendiculares entre sí —arriba-abajo e izquierda-derecha— para recorrer todos sus puntos). O sea, la unión de infinitos ceros da como resultado 1. Un punto es parte de una recta en el sentido de que hay puntos en una recta en una cantidad infinita. Además, podríamos eliminar una cantidad finita de puntos de la recta y la recta seguiría sin perder su condición de recta, porque los *agujeros* producidos al eliminar los puntos serían tan pequeños que no tendrían efecto. Es decir, si a un objeto de dimensión igual a 1 le quitamos algunos objetos de dimensión cero, el resultado sigue teniendo dimensión igual a 1.

Y, si todo está conformado por uniones infinitas, ¿cómo medimos las cosas? Pues, según Grosseteste, solamente Dios, el único que tiene en su mente una idea exacta del infinito, puede medir las cosas contando el número infinito de puntos que las conforman. Los mortales, finitos, medimos solamente a partir de referencias, o sea, de forma relativa. Decimos, por ejemplo, que una cuerda mide 3 pulgadas porque comparamos su longitud con la de una cuerda de 1 pulgada y vemos que son necesarias 3 como esta para alcanzar el tamaño de la primera. Pero no sabríamos cuál es su longitud si no tuviéramos ninguna referencia externa. Solamente Dios, la única mente que puede albergar el infinito, puede contar los infinitos puntos que conforman la cuerda para llegar al resultado de 3 pulgadas o cualquiera que sea la unidad con la que Dios mide las cuerdas. Y Tomás de Aquino no podría estar más en desacuerdo con semejante afirmación. ¿Objetos infinitos en el mundo real? ¡El único infinito es Dios, nuestro Señor!

Tomás de Aquino espera que las ideas como las de Grosseteste, que argumentan contra la concepción aristotélica del universo, de la finitud del mundo y de la infinitud única de Dios, caigan en el olvido (y utilicen, por ejemplo, los razonamientos albergados en las paradojas clásicas, como las de Zenón, para refutar los argumentos del estilo de Grosseteste) y que, algún día, los escritos que Tomás está a punto de escribir los lea toda la cristiandad y sirvan también de guía para llegar, al menos en potencia, al saber infinito de Dios.

§

Hoy es un gran día para **Thábit Ibn Qurra** (836-901). Cuando todo el mundo ya estaba apremiándole para que se retirara, que dejase su puesto en la Casa de la Sabiduría para hacer sitio a las nuevas generaciones, Ibn Qurra puede dar por finalizada su demostración acerca de los números amigables. A sus 59 años, se siente con energías renovadas para acometer cualquier desafío intelectual que se le presente. Y, en la Casa de la Sabiduría, si algo abunda son desafíos para su mente inquieta.

Todavía recuerda el día que cruzó por primera vez la puerta de la Casa de la Sabiduría. Aunque llegaba con la recomendación del mayor de los tres Banu Musa (los hijos de Musa), fundadores de la Casa, Ibn Qurra no tenía demasiada confianza en sus habilidades. Como casi todos los habitantes de Harrán, su ciudad natal, Ibn Qurra dominaba a la perfección el asirio y el griego, además del árabe; asimismo, su familia, muy acomodada, le había proporcionado una buena educación en astronomía y astrología: un sabeo, adorador de las estrellas, que no comprenda la mecánica celeste, no será nunca un buen sabeo. Y para comprender la astronomía, nada como el cálculo y el razonamiento matemático, herramientas que, dicho sea de paso, le eran muy útiles a Ibn Qurra para el negocio familiar: en la principal casa de cambio de moneda de Harrán hay que saber calcular rápido y bien.

Ibn Qurra tenía su futuro escrito y dictaminado, como las órbitas de las estrellas, pero es bien sabido que, a veces, una estrella fugaz aparece en el firmamento y cambia el rumbo de los cuerpos celestes que se encuentra a su paso. En el caso de Ibn Qurra, la estrella fugaz fue el mayor de los Banu Musa, Muhammad, que hizo un alto en Harrán en su viaje a Bizancio para cambiar moneda. Muhammad quedó sorprendido por el talento del joven Ibn Qurra, y sin dudarlo dos veces le hizo una oferta que no podría rechazar:

«En la Casa de la Sabiduría buscamos traductores expertos en astronomía y cálculo como tú. ¿Te gustaría formar parte del más selecto grupo de sabios del Islam? Si dices que sí, a mi regreso de Bizancio te llevaré conmigo a Bagdad, vivirás bajo mi techo y serás mi protegido y, quizás también, el protegido del Califa. Tengo grandes planes para ti, si aceptas.»

Ibn Qurra aceptó, aunque no todo fue fácil, porque su padre no entendía que su hijo hiciera un cambio de rumbo, abandonando una vida cómoda como agente de cambio para hundirse para siempre en un mar de libros. No obstante, cuando Ibn Qurra prometió que, una vez en la gran Bagdad, no solo no abandonaría su fe sabea, sino que se encargaría de difundirla allá donde fuere, su padre cedió y le dio su bendición.

Ha pasado ya mucho tiempo desde el día que Ibn Qurra dejó Harrán atrás, pero no se ha arrepentido de ello en ningún momento. A pesar de los nervios y el miedo inicial, Ibn Qurra ha disfrutado cada momento en la Casa de la Sabiduría. Al principio, cuando los hermanos Banu Musa le encargaron la traducción de libros griegos de astronomía, tuvo la oportunidad de acceder a un nivel de conocimiento que nadie en Harrán podría haber

Los números perfectos y los números amigos

Dado un número natural cualquiera $n > 1$, llamaremos $S(n)$ a la suma de todos sus divisores menores que él mismo; por ejemplo, $S(2) = 1$, $S(4) = 1 + 2 = 3$ y $S(10) = 1 + 2 + 5 = 8$. La función $S(n)$ es bastante interesante, y es fácil ver que para todo número primo p se cumple que $S(p) = 1$.

Diremos que un número natural n es un número **perfecto** cuando $S(n) = n$; por ejemplo, el número 6 y el número 28 son números perfectos, porque $S(6) = 1 + 2 + 3 = 6$ y $S(28) = 1 + 2 + 4 + 7 + 14 = 28$.

Diremos que dos números naturales n y m son **amigos** si $S(n) = m$ y $S(m) = n$; por ejemplo, 220 y 284 son números amigos, porque $S(220) = 1 + 2 + 4 + 5 + 10 + 11 + 20 + 22 + 44 + 55 + 110 = 284$, y $S(284) = 1 + 2 + 4 + 71 + 142 = 28$. Es evidente que todo número perfecto es un número amigo de sí mismo.

La fórmula de Euclides para generar números perfectos es la siguiente: si $n > 1$ es tal que el número $M = 2^n - 1$ es un número primo, entonces el número $\frac{M(M+1)}{2}$, esto es, el número $2^{n-1}(2^n - 1)$, es un número perfecto. De este modo se obtienen números perfectos pares, como por ejemplo el 6, que parte de $M = 3 = 2^2 - 1$ o el 28, que parte de $M = 7 = 2^3 - 1$; los siguientes números perfectos que se obtienen siguiendo el proceso son el 496 ($M = 31 = 2^5 - 1$), el 8128 ($M = 127 = 2^8 - 1$) y el 33 550 336 ($M = 8191 = 2^{13} - 1$). A día de hoy, todavía está por demostrar si existen números perfectos impares, o sea que los lectores amantes de la perfección tienen ya un camino por recorrer, si quieren ver algún día su nombre escrito en la historia al lado del de Euclides.

Ibn Qurra se sorprendió del alto grado de desarrollo, en los Elementos de Euclides, de los números perfectos, en contraste con la casi nula atención al estudio de los números amigos, de los que solo se menciona el par de números amigos 220 y 284. Ibn Qurra decidió hacer justicia con los números amigos, y se propuso establecer un esquema para generar números amigos. Lo logró a los 59 años.

Siguiendo el proceder de Euclides, Ibn Qurra desarrolló un procedimiento para encontrar números amigos: si $n > 1$ es tal que los números $p = 3 \cdot 2^{n-1}$, $q = 3 \cdot 2^n - 1$ y $r = 9 \cdot 2^{2n-1} - 1$ son primos, entonces $N = 2^n pq$ y $M = 2^n r$ son números amigos. Mediante este procedimiento Ibn Qurra no solo generalizó el único par de números amigos conocidos en la antigua Grecia, 220 y 284, (correspondientes a $n = 2$, $p = 5$, $q = 11$ y $r = 71$), sino que halló el siguiente par de números amigos del esquema, 17 296 y 18 416 (correspondientes a $n = 4$, $p = 23$, $q = 47$ y $r = 1151$).

No fue hasta el año 1816 que un italiano de 16 años, Nicolò Paganini (nada que ver con el violinista) halló un par de número amigos, 1184 y 1210, que no se correspondían con el esquema propuesto por Ibn Qurra, a pesar de que matemáticos de la talla de Fermat, Descartes y Euler se hubieran interesado por los números amigos antes que él; de hecho, el propio Euler había hallado 59 pares de números amigos, pero no fue capaz de encontrar el par de Paganini.

Teniendo en cuenta que todavía no se ha demostrado si existe una cantidad infinita de números amigos, y que la edad no es un obstáculo (ni por arriba ni por abajo) para establecer nuevas conclusiones, quizás algún lector se atreva a intentarlo. ¿Quién se anima? ∅

El área de un triángulo, según Herón de Alejandría

Aunque la fórmula más conocida del área de un triángulo es "base por altura, dividido entre dos", lo más habitual es que no sepamos cuánto mide la altura de un triángulo, con lo cual la fórmula es poco útil. Afortunadamente, ya en el siglo I de nuestra era Herón de Alejandría nos proporcionó una fórmula alternativa, cuando solo se pueden medir los tres lados; según la figura 5, la fórmula es $S = \sqrt{P(P - A)(P - B)(P - C)}$, en donde P es la mitad del perímetro del triángulo.

Vamos a deducir la fórmula de Herón de Alejandría, utilizando para ello solamente la fórmula tradicional del área, $S = \dfrac{Bh}{2}$, y el teorema de Pitágoras: "*En un triángulo rectángulo, el cuadrado de la hipotenusa es igual a la suma de los cuadrados de los catetos*". En particular, para evitar tratar con raíces cuadradas, vamos a demostrar que $\left(\dfrac{Bh}{2}\right)^2 = P(P - A)(P - B)(P - C)$.

Aplicando el teorema de Pitágoras al triángulo rectángulo formado por los lados h, b y C, tenemos que $C^2 = h^2 + b^2$ o, equivalentemente, $h^2 = C^2 - b^2$; de forma análoga, aplicando el teorema de Pitágoras al triángulo rectángulo de lados A, $B - b$ y h, tenemos que $h^2 = A^2 - (B - b)^2$; aunando las dos igualdades obtenidas, tenemos que $C^2 - b^2 = A^2 - B^2 + 2Bb - b^2$ o, lo que es lo mismo, $C^2 = A^2 - B^2 + 2Bb$, de donde $b = \dfrac{C^2 - A^2 + B^2}{2B}$. Sustituyendo el valor de b en

$h^2 = C^2 - b^2$, tenemos que $h^2 = C^2 - \dfrac{(C^2 - A^2 + B^2)^2}{4B^2} =$

$= \dfrac{4C^2B^2 - (C^2 - A^2 + B^2)}{4B^2} = \dfrac{2A^2B^2 + 2A^2C^2 + 2B^2C^2 - A^4 - B^4 - C^4)}{4B^2}$, con lo cual

$\left(\dfrac{Bh}{2}\right)^2 = \dfrac{B^2}{4}\left(\dfrac{2A^2B^2 + 2A^2C^2 + 2B^2C^2 - A^4 - B^4 - C^4}{4B^2}\right)$, es decir, $\left(\dfrac{Bh}{2}\right)^2 = \dfrac{1}{16}$

$(2A^2B^2 + 2A^2C^2 + 2B^2C^2 - A^4 - B^4 - C^4)$; por otro lado $P(P-A)(P-B)$

$(P - C) = \left(\dfrac{A+B+C}{2}\right)\left(\dfrac{-A+B+C}{2}\right)\left(\dfrac{A-B+C}{2}\right)\left(\dfrac{A+B-C}{2}\right)$, que es

igual, multiplicando el primer factor por el segundo y el tercero por

el cuarto, a $\dfrac{1}{16}(-A^2 + B^2 + 2BC + C^2)(A^2 - C^2 + 2BC - B^2)$; desarro-

llando este producto, obtenemos la igualdad $P(P-A)(P-B)(P-C)$

$= \dfrac{1}{16}(-A^4 + 2A^2C^2 + 2A^2B^2 + 2B^2C^2 - B^4 - C^4) = \left(\dfrac{Bh}{2}\right)^2$. $\varnothing$

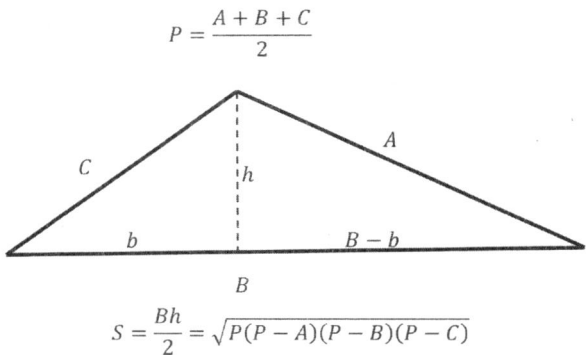

$$P = \frac{A+B+C}{2}$$

$$S = \frac{Bh}{2} = \sqrt{P(P-A)(P-B)(P-C)}$$

Figura 5. Fórmula de Herón de Alejandría del área de un triángulo.

soñado: la tradición oral hablaba de libros griegos que describían las órbitas de las estrellas, de cálculos de áreas y de volúmenes a partir de procesos infinitos, pero Ibn Qurra pensaba que se trataba de mitos y leyendas, que en realidad esos libros no existían o que, si habían existido, se habían perdido para siempre. ¡Y en la Casa de la Sabiduría los había encontrado!

Después de un tiempo de aprender con devoción, Ibn Qurra se dio cuenta de que algunos de los textos que consultaba tenían algunos errores, y pidió permiso para incorporar sus propias opiniones y deducciones a las traducciones. Los Banu Musa se mostraron encantados al ver que uno de los objetivos fundacionales de la Casa de la Sabiduría se estaba cumpliendo en Ibn Qurra: traducir al árabe el conocimiento acumulado en los libros griegos y sánscritos, y hacer que la ciencia avance. De este modo, Ibn Qurra tradujo y comentó la gran obra de **Claudio Ptolomeo de Alejandría** (100 - 170): el catálogo estelar más completo de la historia. Entre las aportaciones que Ibn Qurra y sus compañeros de la Casa de la Sabiduría hicieron a este catálogo, cabe destacar el propio título de la obra: Al-Majisti, es decir, «el más grande». Los cuerpos celestes no merecen un catálogo con un nombre menor, y cuando Ibn Qurra propuso este título, todos estuvieron de acuerdo (bueno, en realidad, Ibn Qurra ya no recuerda si fue él quien propuso el nombre, pero le gusta pensar que así fue).

Repasando su propia historia en la Casa de la Sabiduría, Ibn Qurra se da cuenta del gran acierto que fue la creación de este templo del Saber. Todo el mundo conoce la pasión por el conocimiento que caracteriza al Islam, y la buena acogida que tienen todas las fuentes de sabiduría, vengan de donde vengan. Si bien es cierto que, para conservar el prestigio en el campo de batalla, hay que fomentar la idea de que el Islam es un pueblo sanguinario y desconsiderado, la verdad es que las grandes conquistas siempre han venido acompañadas de un deseo de conocer e incorporar el conocimiento de los pueblos por donde pasan. ¿Cómo se explicaría, si no, la gran cantidad de libros que la Casa de la Sabiduría alberga, procedentes de la antigua Biblioteca de Alejandría? Los grandes generales arrasaron la ciudad hace ya casi 250 años y quemaron la biblioteca, pero no sin antes llevarse consigo gran parte de los casi un millón de libros que albergaba. Y casi todos fueron a parar a Bagdad. Ibn Qurra es un testigo vivo de la alta estima de los dirigentes del Islam hacia el saber: él mismo ha disfrutado de una gran posición social en la capital del imperio abasida, por el mero hecho de pertenecer a la Casa de la Sabiduría. Si ha habido algún favor que el Califa haya concedido, ha sido siempre hacia los matemáticos y los astrónomos de la Casa; e Ibn Qurra es ambas cosas. Doble premio, y doble admiración de todo el mundo en Bagdad.

A lo largo de todos estos años, Ibn Qurra ha podido leer, traducir, comentar, e incluso ampliar grandes compendios del conocimiento matemático de la antigua Grecia, como los *Elementos*, de **Euclides** (323 a. C. - 285 a. C.), el tratado de geometría más completo que existe (especialmente después de las tres traducciones comentadas y ampliadas que se han realizado ya en la Casa de la sabiduría), o los 8 volúmenes del tratado de cónicas de **Apolonio** (262 a-C.-190 a. C.), el mayor compendio de hipérbolas, parábolas y elipses que se haya escrito jamás. Si en algún momento de su vida anterior Ibn Qurra había soñado con viajar al pasado y vivir en alguna *Akademia* de Alejandría, ahora tiene claro que lleva ya muchos años viviendo ese sueño, corregido y aumentado: no solo puede aprender de las fuentes originales, sino que también tiene acceso a las traducciones al árabe de los libros escritos en sánscrito, que hablan entre otros conceptos del número «infinito» y del número «cero», es decir, las cantidades que no son cantidades, los números que no son números, pero que tienen tanta utilidad que Ibn Qurra no sabe ya cómo podría escribir matemáticas si no pudiera utilizar el cero y el infinito.

Pero hoy no es un gran día para Ibn Qurra porque haya traducido otro gran libro de geometría, ni porque haya traducido (y comentado) la fórmula de cálculo del área de un triángulo propuesta por **Herón de Alejandría** (10 - 75), ni porque haya profundizado todavía más en el arte de la astronomía, ni tan siquiera porque el Califa le haya confirmado, un año más, al mando de la Casa de la Sabiduría (desde que murió el último de los Banu Musa, Ibn Qurra ha regido el destino de la Casa de forma admirable). Hoy es un gran día porque, a sus 59 años, Ibn Qurra ha llevado el Cálculo a una nueva dimensión, con la finalización de su *Tratado sobre los Números*. En la

Casa de la Sabiduría, todos los que han leído las versiones preliminares del tratado coinciden en que se trata de la obra fundamental de lo que debería llamarse Numerología, o *Teoría de Números* a partir de ahora, tal como la obra de un antiguo miembro de la Casa, **Muhammad al-Khwarizmi** (750 - 850), *Kitab al-jabr wa al-muqabala*, es la obra fundamental de lo que debería llamarse *Álgebra* a partir de ahora. En su tratado, Ibn Qurra utiliza todo el conocimiento que ha ido adquiriendo, y ha aunado la geometría (o sea, el cálculo de superficies y volúmenes) con los números.

Ibn Qurra está especialmente orgulloso de dos temas de su tratado: el uso del número infinito en sus dos aspectos más relevantes («infinitamente grande» e «infinitamente pequeño») y el estudio general de los números amigos, siguiendo el estudio de los números perfectos que desarrolló Euclides. A partir de ahora, ya no se hablará solamente de números perfectos, sino del concepto más general de números amigos (o, quizás, «números de Ibn Qurra»). Y, de estos dos temas, el que más le apasiona es del del infinito.

En todas las obras de Ibn Qurra, ya sean desarrollos propios, traducciones o revisiones de traducciones anteriores, el infinito y los infinitésimos están presentes: en el problema de la visibilidad de los crecientes, en el aparente cambio de velocidad de la trayectoria del sol y, especialmente, en los tratados que ya ha escrito, y que su hijo y su nieto revisarán y, sin dida mejorarán: *La medición de la sección cónica llamada parábola, La medición de los paraboloides* y *Sobre las secciones del cilindro y su superficie lateral*. En ellos, adaptando el método de exhaución que aprendió de los textos de Eudoxo, Ibn Qurra ha logrado deducir que el área bajo la gráfica de una parábola es igual a un tercio del área del paralelogramo que la circunscribe, y que el volumen de un paraboloide de revolución es igual a la mitad del volumen del cilindro que lo circunscribe; en el primer caso ha utilizado áreas de paralelogramos y en el segundo ha utilizado volúmenes de conos. Y no solo ha aportado una demostración «visual», sino analítica, realizando sumas infinitas de áreas y de volúmenes de cuerpos cada vez más pequeños. El infinito, real, ha proporcionado a Ibn Qurra la herramienta para ir más allá de las disquisiciones filosóficas de la antigüedad. Atrás quedarán los postulados de Aristóteles, y desde ahora todo el Islam (y, por extensión, todo aquél que ame la sabiduría) conocerá que el infinito es real, como lo son el número cero, el uno o el millar. El movimiento del cielo es un movimiento único, que nunca ha cesado y que nunca cesará; es un movimiento real e infinito a la vez. ¿Cómo podría haber movimientos distintos, si no hay descanso entre uno y otro para distinguirlos? Todo forma parte de un continuo, tal como los granos de trigo forman parte de la reserva del granero: cada grano tiene una figura y una forma, pero juntos forman un continuo con una forma que no es la de cada uno de los granos; de la misma forma, un segmento no tiene las mismas propiedades que las magnitudes que lo componen, ni una superficie tiene las mismas propiedades que las superficies infinitamente pequeñas de los paralelogramos que la componen; juntas forman un todo distinto, pero tan reales son estas como aquella. Tan reales son los granos de trigo como la reserva del granero. Como ha dicho ya muchas veces a sus alumnos de la Casa de la Sabiduría, los detractores de la realidad del infinito dirán que no puede ser que el infinito sea mayor que el infinito, pero esto es absurdo: basta con tomar los números pares, de los que hay una cantidad infinita, tantos como números impares (para cada número par, el siguiente es impar y, por tanto hay la misma cantidad de cada), con lo cual ambas cantidades son iguales, e iguales a la mitad de números, ya que está claro que todo número solo puede ser, o bien par, o bien impar. También se demuestra fácilmente que el infinito es un tercio del infinito: los números que son múltiplos de tres son infinitos, y de estos hay una tercera parte del total de números, puesto que para cada múltiplo de tres hay dos números (los dos que siguen al múltiplo de tres) que no lo son; de hecho, siguiendo el mismo razonamiento comprenderemos que el infinito es igual a cualquier fracción del infinito. El infinito es, en definitiva, el fundamento arquitectónico del universo, y así lo ha hecho constar Ibn Qurra en todo lo que ha escrito y revisado y, en especial, en la obra que hoy mismo ha terminado.

Por primera vez, Ibn Qurra se tomará un breve descanso para disfrutar de este gran día. Pero no muy largo, porque tiene el deseo de profundizar un poco más en la traducción de unos textos de astronomía escritos por

Hypatia de Alejandría (360 - 415); hasta ahora Ibn Qurra nunca había leído textos escritos por una mujer, y cree que ya es hora de abrir su mente hacia nuevas posibilidades.

§

Hoy es un gran día para el reverendo **John Wallis** (1616-1703): su tratado sobre las secciones cónicas acaba de publicarse. Después de tanto tiempo batallando con la ardua lectura de **Descartes** (1596-1650), Wallis ha conseguido redactar un texto mucho más amigable y entendible acerca de las curvas que surgen por intersección de un cono y un plano, según la inclinación de este último respecto al cono; o sea, el mundo de las hipérbolas, las parábolas, las elipses y las circunferencias (en realidad, las circunferencias son solamente un caso particular de elipses, pero a Wallis se le asemejan tan especiales que prefiere considerarlas como un tipo distinto).

Las secciones cónicas no son precisamente su tema favorito, pero cuando Wallis empezó a leer a Descartes se sorprendió de que su libro hubiera alcanzado gran fama siendo de tan difícil interpretación. ¡No había por donde empezar! Así que dejó a un lado sus estudios de aritmética para dedicarse a la divulgación en geometría. Al fin y al cabo, ¿de qué sirve el conocimiento si no se puede explicar? Como buen reverendo, Wallis sabe que su misión es hacer comprensibles los conceptos más complicados y hoy, que ya ha dado por terminado su tratado sobre las secciones cónicas, podrá dedicarse nuevamente a

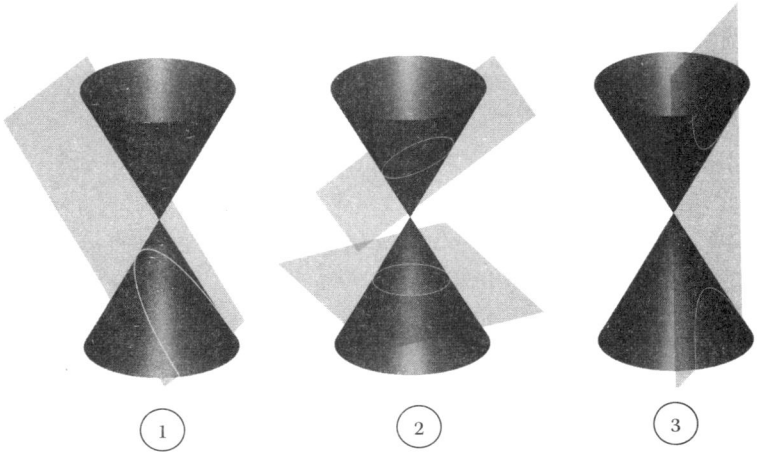

Figura 6. Secciones cónicas: parábolas (1), elipses y circunferencias (2) e hipérbolas (3).

estudiar y escribir sobre temas más interesantes para él. A Wallis le interesa el infinito.

Wallis tiene hoy la sensación de que se ha quitado un peso de encima aunque, para ser sincero consigo mismo, tiene que admitir que ha gozado con lo que ha ido aprendiendo. Y, además, por el camino ha ido experimentando que la mejor forma de expresar ecuaciones y expresiones matemáticas es mediante la generalización. Por ejemplo, para estudiar las propiedades geométricas comunes a las curvas, la notación analítica de Descartes puede ser bastante útil: ya no es necesario fijarse en el estudio de ejemplos concretos, como la curva cuya ecuación es $y = 3x^2$ (o sea, una parábola centrada en el origen de coordenadas) o $y = 4x$ (una línea recta que pasa por el origen de coordenadas); Wallis puede investigar, de una sola vez, lo que

Descartes y la geometría analítica

René Descartes fue el gran impulsor de la geometría analítica, es decir, la rama que estudia las figuras geométricas a través del álgebra. Su obra principal, *El discurso del método*, contiene un ensayo sobre geometría en el que se describen según los métodos del álgebra diversas curvas geométricas y, en especial, las cónicas, es decir, curvas cuyos puntos (x, y) son solución de una ecuación polinómica de grado 2 en x y en y, esto es, $Ax^2 + Bxy + Cy^2 + Dx + Ey + F = 0$. Se distinguen en general 4 tipos de curvas cónicas:

- Una **circunferencia** es el conjunto de puntos cuya distancia a un cierto punto, llamado «centro», es constante; dicha distancia recibe el nombre de «radio». La expresión algebraica de una circunferencia (es decir, la ecuación que cumplen todos los puntos de una circunferencia) es $(x - c_x)^2 + (y - c_y)^2 = R^2$, donde las coordenadas del centro son (c_x, c_y) y el radio es igual a R.

- Una **elipse** es el conjunto de puntos cuya suma de distancias a dos puntos dados, llamados «focos», es siempre constante. La expresión algebraica de una elipse es $\sqrt{(x - F1_x)^2 + (y - F1_y)^2} + \sqrt{(x - F2_x)^2 + (y - F2_y)^2} = d$, donde las coordenadas de los dos focos son, respectivamente, $(F1_x, F1_y)$ y $(F2_x, F2_y)$ y la suma de las distancias es igual a d.

- Una **parábola** es el conjunto de puntos que se encuentran a igual distancia de un punto dado, llamado «foco», que de una recta dada llamada «directriz de la parábola». La expresión algebraica de una parábola cuya directriz viene expresada por la ecuación $Ax + By + C = 0$ es igual a

$$(x - F_x)^2 + (y - F_y)^2 - \frac{Ax + By + C}{A^2 + B^2} = 0$$

- Una **hipérbola** es el conjunto de puntos cuya diferencia de distancias a dos puntos dados, llamados «focos», es siempre constante. La expresión algebraica es

$$\left| \sqrt{(x - F1_x)^2 + (y - F1_y)^2} - \sqrt{(x - F2_x)^2 + (y - F2_y)^2} \right| =$$

$= d$ donde las coordenadas de los dos focos son, respectivamente, $(F1_x, F1_y)$ y $(F2_x, F2_y)$, y la diferencia de las distancias es igual a d.

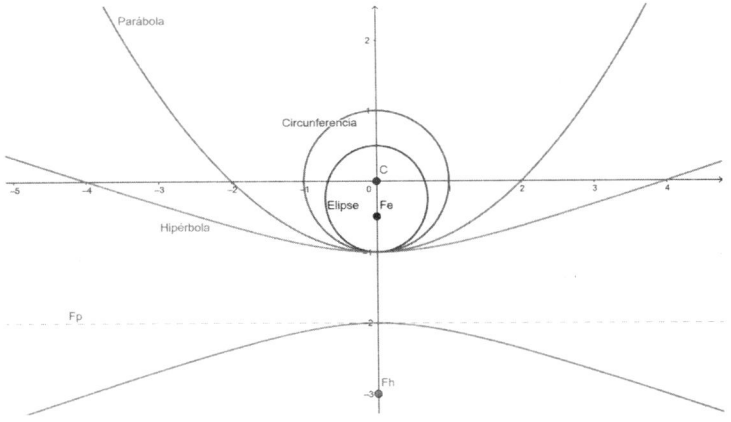

Figura 7. Ejemplos de curvas cónicas: circunferencia con centro en C y radio 1, elipse con focos en C y Fe y suma de distancias igual a 3/2, parábola con focos en C y la recta Fp e hipérbola con focos en C y Fh y diferencia de distancias igual a 1.

El mayor logro de Descartes fue conseguir deducir las expresiones anteriores aplicando su método científico (el «método cartesiano») de deducción, lo que supuso la entrada del estudio geométrico en una esfera superior, imposible de alcanzar con las técnicas de análisis heredadas principalmente de la antigua Grecia. Ø

sucede con las curvas cuya ecuación es del tipo $y = ax^m$, siendo a un número cualquiera y m un número natural (el grado de la curva). Las propiedades que sean ciertas para esta ecuación general (por ejemplo, cuánto mide el área del recinto determinado por una de estas curvas, el eje horizontal y la recta vertical $x = 1$) serán ciertas para las rectas, todas las cónicas, las curvas de grado 5, etcétera, que pasen por el origen de coordenadas.

A ver si al final, pese al esfuerzo que Wallis ha realizado, va a tener que aceptar que el método de Descartes es muy útil... Ciertamente, Wallis ha obtenido resultados muy interesantes aplicando el método analítico de Descartes y su mente inquieta ya está pensando en ir un paso más allá. A Wallis le suele costar bastante dormir por las noches y no para de pensar, calcular y deducir, todo de golpe. Hace un par de semanas, para poder conciliar el sueño, calculó mentalmente la raíz cuadrada de un número de 53 cifras. A la mañana siguiente comprobó las cifras, que resultaron ser correctas (quizá algún día le

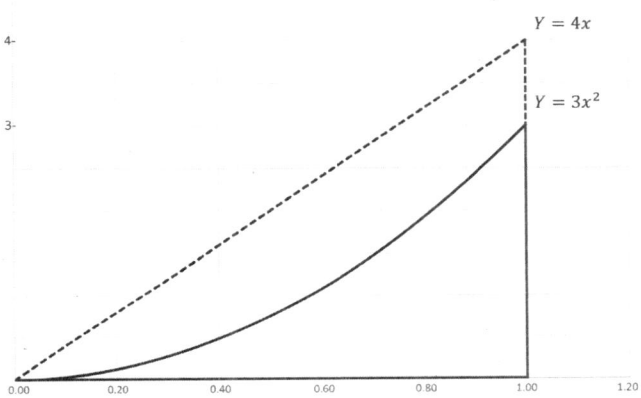

Figura 8. Aplicando el método analítico de Descartes, Wallis demostró que el área del triángulo delimitado por la recta $y = 4x$, el eje de abscisas y la recta $x = 1$ es igual a 2 y el área delimitada por la curva $y = 3x^2$, el eje de abscisas y la recta $x = 1$ es igual a 1.

cuente a alguien cómo lo hizo). El caso es que estas últimas noches piensa de forma incesante en si el método que propone Descartes le serviría para investigar sistemáticamente la técnica que ya utilizaba Arquímedes en la antigua Grecia para calcular superficies y que le tiene fascinado: el método de la exhaución.

Arquímedes comprobó que el área de un círculo de radio 1 es igual a π (a Wallis le gusta utilizar esta letra griega, a modo de homenaje, para denotar la relación entre el cuadrado de la longitud del diámetro y el área del círculo que dicho diámetro describe; seguro que Arquímedes estaría orgulloso de ver que su notación ha perdurado tantos siglos), sumando superficies muy pequeñas, infinitamente pequeñas, de modo que la suma total coincidía con el área buscada. Como este proceso implica manejar el concepto de infinito (en este caso, infinitamente pequeño), Wallis está dispuesto a estudiar a fondo estas cuestiones. El concepto de infinito le tiene fascinado y empieza a pensar (en sus noches en vela) que quizá Descartes le pueda ayudar en sus trabajos. O, mejor dicho, el método de Descartes. Al fin y al cabo, lo infinitamente grande y lo infinitamente pequeño son meras construcciones formales que pueden ayudar a trabajar analíticamente, de la misma forma que el álgebra es una gran ayuda para estudiar en el ámbito de la geometría. Quizá el uso de lo infinitamente pequeño (los infinitésimos) y lo infinito como construcciones formales permitan trabajar de manera analítica, aunque no expresen una realidad. Definitivamente, Wallis escribirá utilizando el infinito.

Su mente práctica ya se pone en marcha; si va a tratar con el infinito, aunque sea en potencia, debería buscarle un símbolo, algo que represente claramente las características del infinito: es un valor muy grande, sin fin, y, por descontado, tiene que ser sencillo de escribir puesto que va a dedicarle muchas horas de estudio. Después de darle numerosas vueltas, recuerda que, hace un tiempo, llegó a sus manos un manuscrito en latín cuyo autor utilizaba un símbolo especial para designar los millares. No era una eme mayúscula, habitual en los textos latinos, sino más bien algo parecido a la unión de dos emes minúsculas, una encima de la otra, con la eme inferior invertida. Wallis se pone a trabajar a partir de ese símbolo y, quizá

Figura 9. Reconstrucción hipotética del proceso seguido por Wallis para la creación del símbolo infinito.

influenciado por sus trabajos sobre curvas, le confiere un aspecto más redondeado, como una curva sin principio ni fin. Después de unos intentos se da cuenta de que el símbolo que ha dibujado es perfecto para definir el infinito, esa magnitud a la que potencialmente nos dirigimos cuando pensamos en números muy grandes: un trazo simple, sin principio ni fin. Definitivamente, lo usará a partir de ahora.

Por extensión, y para empezar a tratar de modo formal con ∞ como si fuera un número (aunque está claro que no lo es), Wallis decide que utilizará la notación 1/∞ para referirse a los infinitésimos, esto es, los números infinitamente pequeños (como las superficies de los pequeños rectángulos que utilizaron los antiguos griegos para calcular superficies). Asimismo, decide que usará la letra griega Σ para referirse a sumas, así como la letra griega Π para referirse a productos. Al fin y al cabo, es la forma que tiene Wallis (y toda la comunidad matemática) de honrar la memoria de los clásicos.

Usando esta notación, Wallis empieza a escribir sus primeros trazos, dedicados a estudiar una igualdad que le tiene asombrado y a la que curiosamente ha llegado tras utilizar herramientas analíticas para intentar resolver problemas de cálculo de áreas geométricas:

$$\frac{\pi}{2} = \prod_{k=1}^{\infty} \frac{2k}{2k-1} \times \frac{2k}{2k+1} = \left(\frac{2}{1} \times \frac{2}{3} \right) \times$$

$$\times \left(\frac{4}{3} \times \frac{4}{5} \right) \times \left(\frac{6}{5} \times \frac{6}{7} \right) \times \dots =$$

¡El número π aparece en una serie infinita! Sin duda, sus estudios merecerían el aplauso de Tomás de Aquino y de todos sus predecesores, hasta del mismo Arquímedes.

Quizá haya algunos presuntuosos, como el filósofo de Auvernia **Blaise Pascal** (1623-1662), que a la vista de tales desarrollos insistan en la idea de un infinito existente en realidad; pero el peso de 2000 años de razón y lógica están de la parte de la verdad: el infinito no existe más que en potencia. Solo Dios es infinito. Que Wallis utilice una entelequia, y gracias a ella logre resultados tan interesantes, no convierte a la entelequia en realidad.

Pascal ha leído también textos clásicos y tiene una percepción distinta a la de Wallis: tan cierto es que existen infinitos números naturales —en el sentido de que siempre se puede encontrar un número mayor que el mayor número que podamos escribir— como que existe un infinito numérico. Es decir, el ∞ (por usar la terminología que Wallis acaba de inventar) no representa solamente la idea de un viaje sin fin, sino un destino real, en cierto modo alcanzable.

Revisando las fuentes utilizadas por Descartes, Blaise Pascal ha tenido acceso a las ideas propugnadas 300 años atrás por los matemáticos de Oxford **Thomas**

Bradwardine (*c.* 1300-1349) y **Nicolás Oresme** (*c.* 1320-1382), que se centraban en refutar las ideas aristotélicas que Tomás de Aquino había defendido y adaptado a la religión católica. De este modo, Pascal ha tomado conciencia de que, más allá de la doctrina oficial, en la historia del pensamiento ha habido filósofos (matemáticos) que han puesto en duda las ideas de la antigua Grecia. Pero, precisamente por su oposición a la doctrina oficial, habían quedado en el olvido casi por completo. Pascal ha decidido retomar la cuestión y poner sobre la mesa un debate que parecía que había quedado resuelto definitivamente en favor de la potencialidad (no realidad) del infinito.

Oresme explicaba que, aunque pareciera una contradicción a primera vista, la cantidad de números impares no podía ser menor que la cantidad total de números naturales, puesto que es posible contar los números impares mediante los números naturales: el 1 está en primer lugar, el segundo número impar es el 3, el tercero es el 5 y así sucesivamente. Oresme no se atrevió a afirmar que los conjuntos de números impares y de números naturales son igual de grandes y, de hecho, manifestó que, tratándose de infinitos, no se pueden aplicar las definiciones de «menor», «mayor» o «igual». De alguna manera, Oresme estaba matizando las ideas de su predecesor Bradwardine, quien, movido por el interés de refutar las ideas aristotélicas acerca de la eternidad del mundo, afirmaba que sí es posible disponer de conjuntos infinitos de igual tamaño e, incluso, que un subconjunto tenga el mismo

El producto de Wallis

John Wallis estableció la igualdad $\dfrac{\pi}{2} = \dfrac{2}{1} \times \dfrac{2}{3} \times \dfrac{4}{3} \times \dfrac{4}{5} \times \cdots$, o sea, $\dfrac{\pi}{2} = \prod_{k=1}^{\infty} \dfrac{2k}{2k-1} \times \dfrac{2k}{2k+1}$, conocida actualmente con el nombre de «producto de Wallis». Para su demostración, utilizaremos terminología actual, así como el lema del bocadillo:

Si tienes una loncha de queso comprendida siempre entre dos rebanadas de pan (o sea, un bocadillo de queso), allí donde vayan las rebanadas de pan irá la loncha de queso.

En términos matemáticos, si tenemos tres sucesiones numéricas $\{a_n\}$, $\{b_n\}$ y $\{c_n\}$, y un cierto número natural n_0 tal que $a_n \leq b_n \leq c_n$, $\forall n \geq n_0$ (aquí el queso serían los números de la sucesión $\{b_n\}$ y las rebanadas serían las sucesiones $\{a_n\}$) y $\{c_n\}$), entonces si $\lim_{n\to\infty} a_n = \lim_{n\to\infty} c_n = L$, se obtiene necesariamente que $\lim_{n\to\infty} b_n = L$.
Tomemos

$$I_n = \int_0^{\pi} \sin^n x\, dx.$$

Está claro que $I_0 = \pi$ y que $I_1 = 2$. Asimismo, integrando por partes, tenemos que

$$I_n = (n-1)\int_0^{\pi} \sin^{n-2} x \cos^2 x\, dx,$$

tomando $\cos^2 x = 1 - \sin^2 x$, la expresión anterior es equivalente a

$$I_n = (n-1)\left(\int_0^{\pi} \sin^{n-2} x\, dx - \int_0^{\pi} \sin^n x\, dx \right)$$

o sea, $I_n = (n-1)(I_{n-2} - I_n)$, de donde $I_n = \dfrac{(n-1)}{n} I_{n-2}$

La igualdad anterior define una recurrencia para I_n, partiendo de $I_0 = \pi$, si n es par, o de $I_1 = 2$, si n es impar:

$$I_{2k} = \pi \times \left(\frac{1}{2} \times \frac{3}{4} \times \frac{5}{6} \times \ldots \right) = \pi \times \prod_{i=1}^{k} \frac{2i-1}{2i}$$

$$I_{2k+1} = 2 \times \left(\frac{2}{3} \times \frac{4}{5} \times \frac{6}{7} \times \ldots \right) = 2 \times \prod_{i=1}^{k} \frac{2i}{2i+1}$$

Como siempre se cumple $0 \leq \sin x \leq 1$ cuando $0 \leq x \leq \pi$, está claro que $\sin^{2n+1} x \leq \sin^{2n} x \leq \sin^{2n-1} x$, luego $I_{2n+1} \leq I_{2n} \leq I_{2n-1}$; dividiendo los términos anteriores entre I_{2n+1}, tenemos

$$1 \leq \frac{I_{2n}}{I_{2n+1}} \leq \frac{I_{2n-1}}{I_{2n+1}} = \frac{2n+1}{2n}.$$

Tomando límites, tenemos que las sucesiones $\{1\}$ y $(2n+1)/2n$ tienden a 1; por el símil del bocadillo, la sucesión que está en medio de ambas, $\{I_{2n}/I_{2n+1}\}$, tiende también a 1, es decir,

$$1 = \lim_{n \to \infty} \frac{\pi \times \prod_{i=1}^{n} \frac{2i-1}{2i}}{2 \times \prod_{i=1}^{n} \frac{2i}{2i+1}} = \frac{\pi}{2} \prod_{i=1}^{\infty} \frac{2i-1}{2i} \times \frac{2i+1}{2i}$$

Por tanto, el producto de Wallis, $\displaystyle\prod_{k=1}^{\infty} \frac{2k}{2k-1} \times \frac{2k}{2k+1}$, vale exactamente $\pi/2$. ∅

tamaño que el del conjunto al que pertenece. Sin duda, la Universidad de Oxford guardaba los escritos de Grosseteste en su biblioteca, accesibles a sus miembros más destacados, como Bradwardine u Oresme. Y Pascal, gracias a Descartes, los ha comprendido. Seguro que otros matemáticos seguirán el mismo razonamiento y abandonarán la idea absurda de que el infinito no existe en la realidad y que se trata solamente de un concepto inventado para referirnos a lo inalcanzable, por grande o por pequeño.

Tanto Wallis como Pascal tienen fuertes convicciones acerca de su postura y ambos creen que el otro parte de una hipótesis inicial errónea. Quizá por eso no entienden la posición de algunos matemáticos, como **Gottfried Leibniz** (1646-1716), que según el campo de estudio utiliza indistintamente el concepto de infinito como una potencialidad o como un número existente en la naturaleza. Por un lado, Leibniz lo emplea en potencia en sus desarrollos sobre sucesiones, como una herramienta útil para cálculos de límites (por ejemplo, afirma que una curva no es más que el proceso infinito de juntar segmentos de recta de tamaño cada vez menor). Pero luego declara que «la naturaleza no da saltos», en una clara alusión a la conformación de la materia a partir de la suma infinita de partículas infinitésimas, cada una de las cuales debería considerarse también «como un mundo lleno de una infinitud de criaturas». Si hay algo peor que una persona equivocada, es alguien que quiere conciliar las verdades y las equivocaciones. Nadie debería apreciar los trabajos de Leibniz, al menos cuando el infinito aparece en sus textos: si aparece como una potencialidad, Pascal desaprobará sus conclusiones; y si lo hace como un ente real, será Wallis quien las desapruebe. En esta cuestión, no se admiten medias tintas.

Leibniz prefiere quedarse con lo mejor de las dos visiones y contribuir a que las matemáticas avancen a partir de ahí; el tiempo dirá finalmente cuál de las dos visiones se impondrá. De momento, lo que se impone es el símbolo de Wallis y, con él, la esperanza por parte de su autor de que el infinito potencial triunfe sobre el real. Quién sabe cuáles van a ser en el futuro los apóstoles de una u otra hipótesis. Quizá alguno de los alumnos más brillantes de Wallis, como ese tal **Isaac Newton** (1642-1727), recoja su testigo acerca del infinito y los infinitésimos, unas grandes herramientas para el desarrollo del cálculo y la geometría. Pero, según Wallis, tan solo eso: herramientas. Leibniz únicamente espera que los discípulos de Wallis y los de Pascal no sean tan testarudos y estén más abiertos a otras posibilidades.

§

Hoy no es un gran día para **Bernard Bolzano** (1781-1848). Hoy se ha propuesto poner por escrito algunas ideas que rondan por su cabeza, pero no le gusta nada escribir. No le ve sentido alguno. Bolzano cree que las personas que publican demasiado son petulantes y solamente buscan el reconocimiento de otros. Si lo que Bolzano tiene que

El teorema de Bolzano

En reconocimiento a su autoría, el siguiente se conoce como teorema de Bolzano:

Si tenemos una función y = f(x) continua en un intervalo cerrado [a, b] (es decir, para dibujar la función f entre a y b no es necesario levantar la pluma del papel, en palabras de Bolzano) y los signos de f(a) y f(b) son distintos (o sea, uno es positivo y otro negativo), entonces existe como mínimo un punto c entre a y b tal que f(c) = 0.

La demostración se basa precisamente en considerar que los segmentos son un continuo de puntos y que todo conjunto de números que tenga una cota superior (o sea, un número mayor o igual que todos los del conjunto) admitirá un supremo (es decir, la mínima cota superior). Por ejemplo, el conjunto formado por los números 1, 2 y 3 tiene como cotas superiores el 3, el 8, el 59, etcétera. Y el supremo del conjunto será el 3; no existe ningún número menor que 3 que siga siendo a su vez una cota superior del conjunto.

Supongamos que $f(a) > 0$ y $f(b) < 0$ (el caso opuesto se demuestra de forma análoga); tomando el conjunto $I = \{ x \in [a, b] \mid f(x) \geq 0 \}$, se observa que I tiene una cota superior (por ejemplo, b), con lo cual

decir es importante, ya vendrán otros (con más voluntad y capacidad para la prosa) y lo recogerán para las generaciones futuras.

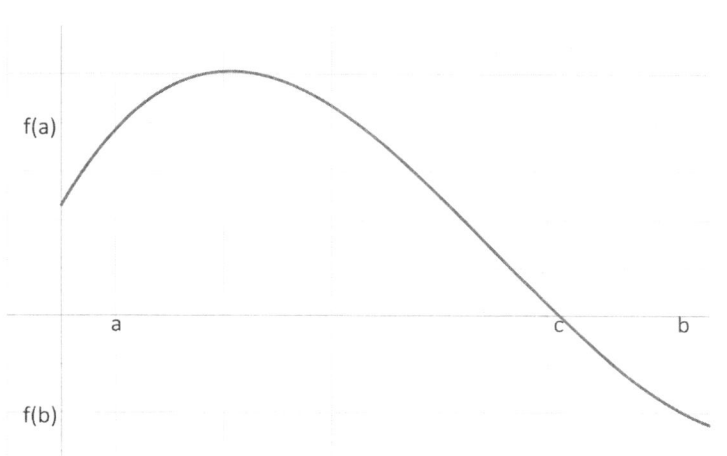

Figura 10. Representación geométrica del teorema de Bolzano.

tiene un supremo, c, que necesariamente cumple $f(c) = 0$. Si fuera, por ejemplo, $f(c) > 0$, entonces existiría algún valor x muy cercano a c, pero mayor, con $f(x) > 0$ (por ser f continua y porque existen puntos infinitamente cercanos a c), con lo cual c no sería una cota superior, ya que $c_1 > c$ y $c_1 \in I$, ni, por tanto, el supremo; de igual modo, no puede ser tampoco $f(c) < 0$, porque existirían puntos x menores que c (pero infinitamente próximos) tales que $f(x) < 0$, con lo cual existiría una cota superior inferior a c, que es absurdo por ser c el supremo de I. Ø

Bolzano está metido de lleno en las disquisiciones acerca del infinito. Las posturas enfrentadas respecto a la consideración de este como un ente real o como una potencialidad,

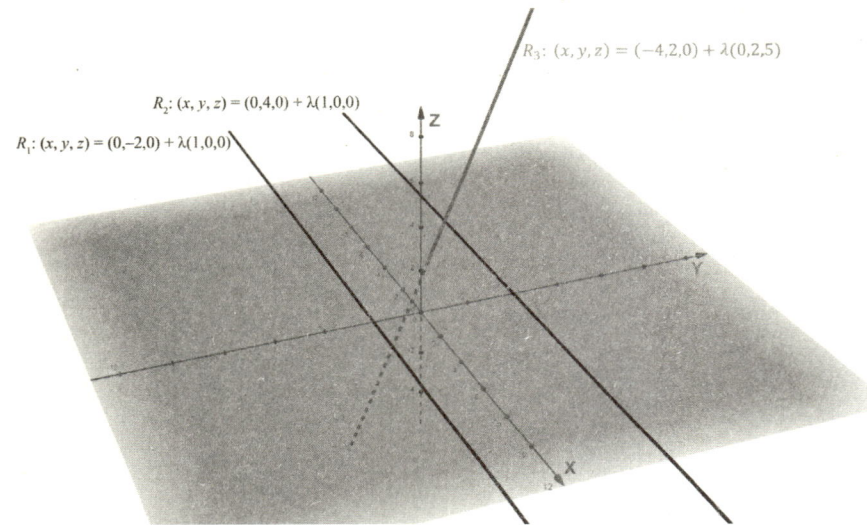

R_3: $(x, y, z) = (-4,2,0) + \lambda(0,2,5)$

R_2: $(x, y, z) = (0,4,0) + \lambda(1,0,0)$

R_1: $(x, y, z) = (0,-2,0) + \lambda(1,0,0)$

Figura 11. En el espacio tridimensional existen dos tipos de rectas que no se cortan: las que son paralelas (por ejemplo, R_1 y R_2) y las que se cruzan (por ejemplo, R_1 y R_3, o R_2 y R_3).

un simple concepto, han abarcado muchos ámbitos del saber humano (e incluso divino) durante 2000 años. Los defensores del infinito potencial hablan de paradojas, de conceptos sin sentido o contradictorios, pero no tienen en cuenta que la aritmética del infinito es distinta.

Del mismo modo que, en un plano, dos rectas distintas solamente pueden ser paralelas o coincidir en un solo punto, en el espacio aparece un nuevo tipo de posición relativa: dos rectas distintas pueden cruzarse sin ser paralelas ni coincidir en ningún punto. Esto parecería absurdo en un mundo plano, pero en un mundo de tres dimensiones no hay ninguna paradoja. Alguien debería escribir un libro sobre cómo verían las cosas los habitantes de un mundo plano y sobre los errores derivados de interpretar las cosas desde un punto de vista limitado, cerrado. Podría hacerlo él mismo, pero Bolzano no tiene ningún interés en escribir, o sea, que lo dejará para más tarde. Hoy escribirá sobre conjuntos infinitos y verá si es capaz de ofrecer explicaciones racionales, como mínimo para los científicos que no se limitan al mundo finito.

Bolzano ha leído los trabajos de Oresme y coincide en que los conjuntos infinitos se pueden poner en correspondencia uno a uno con subconjuntos, lo cual llevaría a una contradicción si utilizáramos las nociones de «mayor», «menor» o «igual» que empleamos en los conjuntos finitos. Sin embargo, no es ninguna contradicción si los sometemos a la lógica de los conjuntos infinitos. De este modo, no se puede decir que la cantidad de números cuadrados (1, 4, 9, 16, etcétera) sea menor que la cantidad de números naturales, puesto que se pueden poner en correspondencia uno a uno ambos conjuntos (el número natural 1 se corresponde con el número cuadrado 1, el natural 2 con el cuadrado 4, el natural 3 con el cuadrado 9, y así sucesivamente). Tampoco se puede decir que la cantidad de números cuadrados sea mayor que la cantidad de números naturales, aunque esto es evidente para todo el mundo con un mínimo sentido de la lógica aristotélica (todos los números cuadrados son números naturales, pero no todos los números naturales son cuadrados, como por ejemplo el número 3). Existe el infinito porque existen conjuntos infinitos.

En lo que respecta al concepto de infinitamente pequeño, Bolzano es también un firme defensor de la idea de continuidad: un segmento no es más que una colección infinita de puntos que están infinitamente próximos entre sí. No hay un vacío entre los puntos; los puntos forman la unidad esencial de los segmentos y una cantidad infinita de ellos conforman un segmento. Del mismo modo, igual que trazamos un segmento mediante la unión infinita de puntos (aunque, desde nuestra perspectiva finita, no nos demos cuenta de ello), podemos trazar igualmente una curva. Y, mientras tracemos esta curva de forma continua (es decir, sin saltarnos una cantidad infinita de puntos en su trazado, lo que equivaldría a levantar la pluma del papel), hallaremos la forma de demostrar propiedades que se nos asemejan evidentes, pero que, sin considerar los puntos en el análisis, perderían su sentido. Si Bolzano fuera vanidoso, publicaría alguno de estos resultados (por ejemplo, la existencia de puntos donde las funciones se anulan si en un punto toman valor positivo y en otro toman valor negativo) y todo el mundo los llamaría los «teoremas de Bolzano». Pero él no está interesado en ello y solamente escribe para sus propios recuerdos, y no para la fama. Si a alguien le interesan los resultados a los que está llegando y quiere publicarlos, que le reconozca el mérito. Además, la corriente principal de pensamiento entre la comunidad es más proclive a las hipótesis del infinito en potencia, últimamente apoyadas por **Carl Friedrich Gauss** (1777-1855), «el príncipe de las matemáticas», y Bolzano no quiere entrar en discusiones filosóficas. Gauss puede ser, en efecto, el príncipe de las matemáticas, pero sin lugar a dudas no es el rey. Por un lado, Bolzano reconoce el cuidado que Gauss pone en sus escritos y admira que no quiera publicar nada que no sea completamente cierto y demostrable. Eso le honra, y más si se tiene en cuenta que a su alrededor están todos deseosos de que difunda a los cuatro vientos sus ideas y pensamientos, incluso antes de que el propio Gauss los haya verificado. Algunos opinan que si Gauss no fuera tan celoso de sus ideas, las matemáticas avanzarían a un ritmo mucho más rápido, pero Bolzano no comparte esta opinión. Si algo opina Bolzano de Gauss es, precisamente, que habla demasiado de lo que no ha estudiado en profundidad (también habla de lo que sí conoce en profundidad, pero eso no le parece mal a Bolzano) y, aunque no las publique, muchos académicos, que deberían poner por delante el rigor a la idolatría, siguen las opiniones del príncipe como si de verdades absolutas se tratase. Por ejemplo, ha llegado a oídos de Bolzano que la frase más celebrada últimamente de Gauss acerca del infinito es la siguiente:

> Protesto contra el uso de la magnitud infinita como algo completo, real, lo cual en matemáticas nunca es permisible. El infinito es meramente una forma de hablar. El significado real del infinito es un límite al que ciertas ratios se aproximan indefinidamente, mientras que otras incrementan sin restricción.

Si Gauss quiere protestar, está en su derecho de hacerlo. Pero eso no significa que Bolzano vaya a dejar de investigar sobre la base certera de un infinito real. Y es precisamente lo que va a hacer: escribir sobre eso. Aunque no le guste escribir.

En efecto, hoy no es un gran día para Bolzano. Se sienta en su escritorio y toma pluma y papel, mientras espera que, en un futuro, vengan otros matemáticos que le den la razón. El infinito es real y está en todas partes. Aunque la moda *gaussiana* sea otra.

Infinito en potencia.
El infinito es un viaje

Desde el inicio de los tiempos, la humanidad se ha preguntado por el más allá: cómo son los paisajes que se vislumbran más allá de la propia aldea, qué tipo de vida hay (si es que hay algún tipo de vida) más allá de las estrellas, qué hay después de la muerte, etcétera. Estamos inmersos en viajes con destino ignoto. No es de extrañar, por tanto, que los primeros pensadores, los primeros filósofos, buscaran un modelo que primara de alguna manera el significado del proceso, del camino por recorrer, por encima del destino en sí. En este sentido, la noción de infinito se presenta desde los primeros tiempos como un destino inalcanzable en realidad, aunque potencialmente se pudiera recorrer el camino que llevara hacia él. En este capítulo vamos a centrarnos en el infinito en potencia, es decir, en el viaje que nos llevará a destinos inciertos.

Abrochémonos los cinturones.

Un viaje infinito

Vamos a emprender el viaje hacia el infinito de la mano de las funciones. Una función (denominada generalmente con la letra f) no es más que una aplicación, una relación, entre dos tipos de elementos, de forma que los elementos del primer tipo que guardan relación la tienen con un solo elemento del segundo tipo.

Por ejemplo, la función «ser hijo biológico de un gato» se puede aplicar al conjunto de gatos: cada gato es hijo

Tabla 1. VALORES PARA LA FUNCIÓN	
x	$f(x) = x^2$
1	1
2	4
4	16
10	100
1000	1 000 000
1 000 000	1 000 000 000 000
10 000 000	100 000 000 000 000

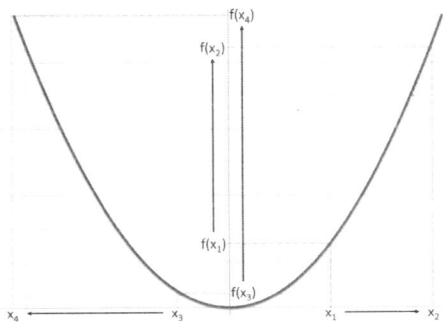

Figura 12. Gráfica de la función $f(x) = x^2$.

biológico de un único gato (excepto, quizá, el primer gato de la historia de la evolución, que sería hijo de un animal precursor de los gatos). Es posible que un gato padre sea el progenitor de diversos gatos, pero está claro que cada gato tiene un único padre. No puede ser que un gato tenga dos padres distintos; si esto fuera posible, la relación «ser hijo biológico de un gato» no sería una función.

Vamos a considerar ahora una función de tipo matemática, pero sencilla, que a cada número le asigna su cuadrado: $f(x) = x^2$. Observemos en la tabla 1 qué pasa cuando calculamos la función, es decir, con qué número está relacionado cada número, cuando le aplicamos la relación «elevar al cuadrado», para valores cada vez mayores.

¿Qué es lo que está pasando con los cuadrados? A medida que los valores de x crecen, los valores de $f(x)$ también crecen y no tienen fin. Es decir, por muy grande que sea el número que nos imaginemos, seguro que hay una x que puede hacer que $f(x)$ sea mayor que este número imaginado. Es decir, $f(x)$ no está limitada, en el sentido de que no tiene un valor máximo.

Como la función «elevar al cuadrado» no está limitada porque los valores son cada vez mayores, podríamos decir, por tanto, que si $f(x)$ tuviera un límite, este sería igual a infinito. Matemáticamente, lo escribiremos $\lim\limits_{x \to +\infty} f(x) = +\infty$ (y lo leeremos como «el límite de la

La inducción matemática

Desde pequeños sabemos que para aprender a caminar es necesario saber adelantar una pierna y, después, encontrar la manera de adelantar la pierna que ha quedado atrás. No hace falta recorrer todos los caminos del mundo para demostrar que sabemos caminar. Simplemente sabemos que, repitiendo el proceso de adelantar la pierna que ha quedado atrás, llegaremos a cualquier parte… ¡siempre que hayamos dado el primer paso, por descontado!

De este modo, si enseñamos a alguien que sabemos dar el primer paso y que, luego, sabemos continuar, ya habremos demostrado que sabemos andar. El principio de inducción se basa precisamente en eso.

Veámoslo con un ejemplo: ¿cómo demostramos que la suma de los primeros n números naturales es igual a $\frac{n(n+1)}{2}$? Igual que con el hecho de andar, en dos etapas:

- **Sabemos dar el primer paso.** En este caso, el primer paso consiste en demostrar que para $n = 1$, la igualdad es cierta, función $f(x)$, cuando x tiende a infinito, es igual a infinito») para indicar que si llegáramos algún día a tener un valor enormemente grande de x, entonces el valor de $f(x)$ sería también enormemente grande. Hemos puesto el símbolo + para destacar que estamos hablando de

es decir, $1 = \frac{1\,(1+1)}{2}$, lo cual es evidente. Aunque no es necesario para la demostración, podemos comprobarlo también para $n = 2$: $1 + 2 = \frac{2\,(2+1)}{2}$, lo cual es también cierto.

- Sabemos dar los siguientes pasos. Es decir, si hemos llegado a ver que la igualdad es verdadera hasta un cierto número m, esto es $1 + 2 + \ldots + m = \frac{m\,(m+1)}{2}$; hay que demostrar que sabemos avanzar, o sea, comprobar cuánto vale la suma $1 + 2 + \ldots + m + (m+1)$. Como hemos llegado hasta m, sabemos que la suma anterior es igual a $\frac{m\,(m+1)}{2} + (m+1)$, o lo que es igual, $\frac{m\,(m+1) + 2\,(m+1)}{2}$, que es equivalente, tomando factor común, a $\frac{(m+2)\,(m+1)}{2}$. Por tanto, $1 + 2 + \ldots + m + (m+1) = \frac{(m+1)\,(m+2)}{2}$, justamente lo que queríamos demostrar.

Mediante estos dos sencillos pasos hemos demostrado que podemos tomar como cierto que $1 + 2 + \ldots + n = \frac{n\,(n+1)}{2}$.
Tan cierto como que sabemos andar. ∅

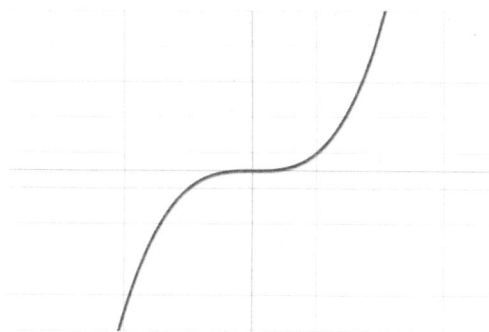

Figura 13. Gráfica de la función $f(x) = x^3$.

números positivos cada vez mayores y hemos utilizado el símbolo ∞ para denotar precisamente este infinito al que, potencialmente, llegaríamos si calculáramos el cuadrado de valores infinitamente grandes.

Utilizando la misma función $f(x) = x^2$, podríamos utilizar números negativos para x, también cada vez mayores en valor absoluto -10, -10^3, -10^6, -10^7, ... y observaríamos que sus $f(x)$ correspondientes son cada vez mayores, sin límite: $\lim_{x \to -\infty} f(x) = +\infty$. Para conocer en detalle lo que está pasando, veamos la representación gráfica de esta función en la figura 12. A medida que avanzamos hacia la derecha en la parte positiva del eje de abscisas (por ejemplo, de x_1 a x_2), observamos que sus cuadrados avanzan hacia arriba en el eje de ordenadas, de $f(x_1)$ a $f(x_2)$; cuanto más a la derecha, más se elevan los cuadrados. Asimismo, al avanzar hacia la izquierda en la parte negativa del eje de abscisas (por ejemplo, de x_3 a x_4), observamos que sus cuadrados avanzan igual que antes, es decir, hacia arriba en el eje de ordenadas, de $f(x_3)$ a $f(x_4)$ (cuanto más a la izquierda, también más arriba).

Siguiendo el mismo razonamiento, si observamos la gráfica de la función $f(x) = x^3$ en la figura 13, podremos deducir que $\lim_{x \to +\infty} f(x) = +\infty$, pero, al contrario que antes, ahora $\lim_{x \to -\infty} f(x) = -\infty$, es decir, a medida que avanzamos hacia la izquierda en el eje de abscisas, descendemos en el eje de ordenadas.

En ambos casos, estamos tomando valores de x muy grandes (positivos o negativos) y observamos qué pasa con los valores de $f(x)$. En los dos ejemplos anteriores, dichos valores eran también enormemente grandes (en valor absoluto), aunque no tiene por qué ser así. Si tomamos, por ejemplo, la función $f(x) = 2$, por muy grande que sea x (por ejemplo, $x = 10^{100}$), su imagen no crecerá indefinidamente (de hecho, siempre será igual a 2). En este caso, escribiremos $\lim_{x \to +\infty} f(x) = 2$ y $\lim_{x \to -\infty} f(x) = 2$. El infinito, aquí, se refiere solamente al eje de las abscisas, mientras que en los ejemplos anteriores se refería a los dos ejes: crecen las x y crecen las $f(x)$. No obstante, en todos los casos la idea es siempre la misma: viajar hasta el infinito y, en cada punto x de nuestro viaje, comprobar cuál es el resultado de aplicar $f(x)$.

Además del mundo de las funciones, también nos encontramos con viajes infinitos cuando recorremos secuencias (sucesiones). Por ejemplo, si avanzamos con los números naturales, está claro que el proceso de pasar por todos ellos será un proceso infinito (al menos potencialmente, porque no tenemos constancia de que nadie se lo haya propuesto): 1, 2, 3, 4, etcétera. Si además queremos establecer relaciones que sean ciertas para secuencias infinitas (por ejemplo, si sumamos infinitamente el inverso de todas las potencias de 2), necesitaremos dotarnos de una herramienta muy poderosa en el manejo de secuencias infinitas: la demostración por inducción matemática. Cuando se domina la inducción matemática, se demuestra fácilmente, por ejemplo, que $\sum_{i=0}^{n} \frac{1}{2^i} = 2 - \frac{1}{2^n}$ y que, por tanto, si sumáramos hasta el infinito la suma de los inversos de todas las potencias de 2, obtendríamos siempre 2. Si alguien quiere practicar, no tiene más que ponerse a ello.

Un viaje con destino infinito

Volviendo al infinito potencial del mundo de las funciones, ¿existe el concepto de infinito «solamente en el eje de ordenadas»? Es decir, ¿es posible que no pudiéramos llegar nunca a un punto determinado del camino, aunque estuviéramos viajando durante un tiempo infinito? En la antigua Grecia, el filósofo Zenón de Elea ya se lo había planteado en una de sus paradojas, en la que una flecha no podía llegar nunca a la diana, aunque estuviera desplazándose para siempre. De hecho, no llegaría ni a salir del arco.

La respuesta a la pregunta, por tanto, en la línea de la paradoja de Zenón, es que, potencialmente, sí. Para ayudar a comprender lo que significa esta respuesta, vamos a mostrar un ejemplo basado en un concepto sencillo: la división.

Dividir, matemáticamente, consiste en repartir de forma equitativa para saber lo que le corresponde a cada unidad. En matemáticas, todo es equitativo y no existe la suerte ni la ambición a la hora de repartir: si 4 personas se acercan a una mesa donde hay 20 caramelos, las matemáticas nos dicen que cada una se quedará con 5 caramelos y lo escribiremos 20 caramelos / 4 personas = 5 caramelos/persona. Las matemáticas, en este punto, no entran a valorar si alguna persona corre más que el resto y, por tanto, se queda con todos los caramelos antes de que lleguen los demás o si hay alguien que no quiere caramelos. En este sentido, las matemáticas son siempre equitativas.

Incluso cuando la repartición es difícil, porque lo que hay que repartir no es homogéneo, las matemáticas estudian la manera de asegurar que a cada uno le corresponderá una parte equitativa. Un ejemplo de ello es el teorema del bocadillo de jamón (véase el recuadro de la p. 78), enunciado hacia 1938.

Ahondando en las divisiones, las matemáticas suponen que si hay 1 cereza en una mitad de un pastel, por ejemplo, es porque en el pastel entero había 2 cerezas. Repartición equitativa, de nuevo: 1 cereza $/ \frac{1}{2}$ pastel = 2 cerezas / pastel. O, si resulta que hay 1 cereza en un cuarto de pastel, en el pastel entero había matemáticamente 4 cerezas. Si a alguien le ha tocado un cuarto de pastel con 1 cereza, por tanto, no es cuestión de suerte, sino que matemáticamente había 4 cerezas en el mismo.

¿Qué pasa si observamos que hay una cereza en una parte muy pequeña de un pastel? Por ejemplo, hemos

El teorema del bocadillo de jamón

La teoría de la medida es una rama de las matemáticas que estudia magnitudes, así como el concepto mismo de medida, conjunto medible, etcétera. A este mundo pertenece el teorema del bocadillo de jamón, que es distinto del lema del bocadillo explicado anteriormente, pero que explica igualmente la pasión de los matemáticos por la gastronomía (o, como mínimo, la pasión del que escribe este texto):

Frente a un bocadillo de jamón y queso, existe una forma de cortarlo en dos mitades, de tal manera que cada una contenga exactamente la misma cantidad de pan, de queso y de jamón.

La definición formal del teorema se debe a Marshall H. Stone (1903-1989) y John W. Tukey (1915-2000): dados n objetos situados en un espacio n-dimensional, es posible dividir cada objeto en dos mitades exactas (en cuanto a volumen) mediante un solo corte. El caso del bocadillo de jamón y queso es un ejemplo particular cuando $n = 3$. $\emptyset$

repartido 1 (enorme) pastel entre 200 personas y Pepe observa que en su trozo hay 1 cereza. Matemáticamente, otra vez, Pepe llegará a la conclusión de que en el pastel entero había 200 cerezas. La función que calcula la

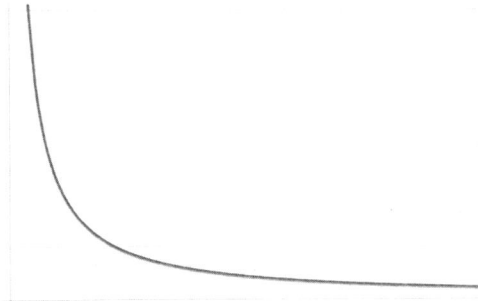

Figura 14. Gráfica de la función $f(x) = 1/x$, para valores de x positivos.

cantidad de cerezas que hay en un pastel entero cuando tenemos un trozo muy pequeño, x, que contiene una cereza, es $f(x) = 1/x$. La figura 14, en esta página, muestra la gráfica de esta función.

Está claro que si no hay pastel, no hay cerezas; o, lo que es lo mismo, no podemos observar el número de cerezas cuando todos se han comido su parte del pastel (con las cerezas correspondientes). O sea, no podemos calcular la división cuando $x = 0$. Pero sí podemos calcularla cuando x es un trozo muy pequeño, cercano a cero, o sea, un infinitésimo. Si en ese trozo tan pequeño observamos que hay 1 cereza, entonces es porque en el pastel entero había una cantidad enormemente grande de cerezas (aunque el pastel debería ser muy grande para albergar una cantidad enorme de cerezas o las cerezas tendrían que ser muy pequeñas).

La idea matemática de la división nos ha permitido imaginar una situación en la que, sin ser x enormemente grande (de hecho, estamos tomando una x muy pequeña, aunque positiva), observamos que $f(x)$ sí se hace enormemente grande. En términos matemáticos, escribiremos $\lim_{x \to 0^+} f(x) = +\infty$. No podemos escribir $1/0 = +\infty$, porque $1/0$ no tiene sentido (no hay cerezas que contar si no hay nada de pastel), pero, como podemos acercarnos mucho a cero, mientras x sea positivo, sí que es posible calcular $f(x)$. Está claro, pues, que no podremos llegar nunca a nuestro destino, 0 en este caso, porque la función crece enormemente. El viaje hacia el 0 es, en este caso, de duración infinita. Si se pudiera llegar al 0, no obstante, el destino de la función hubiera sido infinito. Hay que tomar nota de que, al escribir el límite, hemos utilizado el indicador $x \to 0^+$, lo que significa que nos acercamos a 0 para valores que son siempre positivos, es decir, estamos viajando hacia el 0 desde la derecha del eje de abscisas.

El caso de la función $f(x) = 1/x$ es paradigmático, porque, según el camino que elijamos para llegar (potencialmente) al 0, obtendremos un resultado u otro. En efecto, imaginemos que recorremos el camino hacia el 0 partiendo de un número negativo como, por ejemplo, el −1. Es decir, vamos a recorrer el camino hacia el 0 desde la izquierda del eje de abscisas. Está claro que $1/-1 = -1$, y que $\dfrac{1}{-1/2} = -2$. La interpretación en términos de pasteles y cerezas es complicada, si no imposible, cuando hablamos de números negativos, pero la mecánica es sencilla: se divide como si se tratara de números positivos y el signo final será negativo si el numerador y el denominador tienen signos opuestos, y positivo si tienen signos iguales.

¿Qué pasará si nos vamos acercando a 0 desde el lado negativo? Como se puede observar en la figura 15,

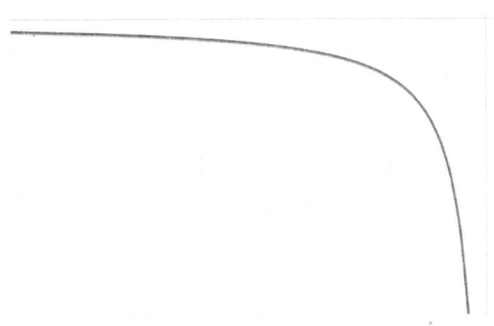

Figura 15. Gráfica de la función $f(x) = 1/x$, para valores de x negativos.

los valores que toma la función son enormemente grandes, aunque con signo negativo. En este caso, por tanto, siguiendo la notación de límites, escribiremos $\lim_{x \to 0^-} f(x) = -\infty$. Para destacar que hemos utilizado el camino de la izquierda respecto al eje de abscisas, hemos escrito $x \to 0^-$.

En resumen, hemos visto que, según el camino elegido para viajar, podríamos llegar a sitios muy distintos (infinitamente distintos), lo cual proporciona buenos argumentos en favor de los apóstoles del infinito potencial: por un lado, podemos irnos olvidando de considerar el infinito como un número existente en la realidad, a no ser que estemos dispuestos a aceptar, por ejemplo, que el infinito positivo y el infinito negativo sean un solo número (o sea, que por ejemplo el eje de abscisas no sea una recta, sino una circunferencia que se doble sobre sí misma hasta juntar los dos extremos). Por otro lado, la gráfica de la curva $f(x) = 1/x$ da un salto alrededor del 0, lo que contradice la hipótesis de continuidad, de que «la naturaleza no da saltos».

El infinito, como decía Gauss, no es más que una forma de hablar, una herramienta para el análisis matemático, pero no existe como tal en la naturaleza.

¿A qué velocidad viajamos?

Asociado de forma natural a la idea de viaje, existe siempre el concepto de velocidad. Aunque lo importante es llegar (al menos, potencialmente), en una competición es importante la velocidad a la que se viaja, entre otras cosas para saber quién llegará primero. O, en el caso del infinito, quién llegaría primero, si potencialmente se llegara al infinito. Así como en los ejemplos anteriores veíamos que tanto la función $f(x) = x^2$ como $f(x) = x^3$ tendían a infinito, comparando las tablas de valores de ambas funciones observamos que la segunda toma siempre valores mayores, como se observa en la tabla 2. El concepto de velocidades distintas es muy importante cuando queremos estudiar, por ejemplo, límites de proporciones. A la vista de la tabla de valores, podríamos intuir fácilmente que $\lim_{x \to +\infty} x^3/x^2 = +\infty$ o que $\lim_{x \to +\infty} x^2/x^3 = 0$. Asimismo, podemos deducir, al menos intuitivamente, que la velocidad de las funciones $f(x) = x^3$ y $f(x) = a + x^3$ son equivalentes, sea cual sea el valor de a. Por tanto, está claro que podríamos operar y deducir que $\lim_{x \to +\infty} x^3 / (x^3 + a) = 1$. De forma análoga, se deduce que, en general, $\lim_{x \to +\infty} (ax^n + b) / (cx^n + d) = a/c$, para cualesquiera a, b, c, d y n (si $n > 0$).

Tabla 2. VALORES DE $f(x) = x^2$ Y $f(x) = x^3$. LOS VALORES DE LA SEGUNDA CRECEN MUCHO MÁS RÁPIDO QUE LOS DE LA PRIMERA		
x	$f(x) = x^2$	$f(x) = x^3$
1	1	1
2	4	8
4	16	64
10	100	1000
1000	1 000 000	1 000 000 000
1 000 000	1 000 000 000 000	1 000 000 000 000 000 000
10 000 000	100 000 000 000 000	1 000 000 000 000 000 000 000

Generalizando todavía más, podríamos decir que, dado un polinomio cualquiera ($p(x) = a_0 + a_1 x + a_2 x^2 + \ldots + a_n x^n$, con $a_n \neq 0$), la velocidad con que viajará al infinito dependerá principalmente del término mayor, $a_n x^n$. Y, por tanto, $\lim_{x \to +\infty} p(x) = \lim_{x \to +\infty} a_n x^n$. De este modo, por ejemplo, es fácil comprobar que

$$\lim_{x \to +\infty} \frac{3x^3 - 40x^2 - 830}{4x^3 + 125 x^2 + 12} = \frac{3}{4}, \text{ o que } \lim_{x \to +\infty} \frac{\dfrac{x^4}{10} - 1500\ x^3}{50\ 000\ x^3} = +\infty.$$

A falta del rigor que proporciona el análisis matemático, la intuición nos indica que, en el cálculo de límites de proporciones, siempre habrá que fijarse en las velocidades de las funciones, no porque vayan a llegar más rápido al infinito (que, recordemos, es inalcanzable), sino porque el efecto se notará más en las funciones más veloces. La tabla 3 muestra la velocidad relativa de algunas funciones conocidas: cuanto más se asciende en la tabla, más lentamente se acercan a infinito.

El concepto de velocidad, por descontado, no se aplica solamente cuando el destino es el infinito. Para saber a qué velocidad estamos viajando cuando vamos en coche, por ejemplo, solamente necesitamos calcular la distancia recorrida en un intervalo de tiempo: si hemos avanzado 60 kilómetros en una hora, entonces hemos viajado a una velocidad $v = \frac{60 \text{ km}}{1 \text{ h}} = 60$ km/h. Pero, claro, es muy tedioso tener que esperarse una hora para saber la velocidad a la que hemos circulado. Una vez más, las proporciones nos dan la solución, de forma parecida a las cerezas en porciones de pastel: supongamos que mediremos la velocidad en km/h y observamos que hemos avanzado 20 kilómetros en solo un cuarto de hora. La velocidad a la que hemos viajado será, por tanto, $v = \frac{20 \text{ km}}{1/4 \text{ h}} = 80$ km/h. Como antes, quizá nos parezca que esperar un cuarto de hora para saber el resultado es mucho tiempo. ¿Qué tal un minuto? Si en un minuto (1/60 parte de una hora) hemos recorrido 1,1 km, entonces la velocidad será igual a $v = \frac{1,1 \text{ km}}{1/60 \text{ h}} = 66$ km/h. Vemos que, en todos los casos, estamos calculando velocidades medias, es decir, no hemos tenido en cuenta si durante un rato hemos acelerado y luego hemos frenado, por ejemplo. Si quisiéramos calcular la velocidad instantánea, es decir, la velocidad a la que vamos en un cierto momento (y no durante un cierto intervalo de tiempo), entonces la proporción no nos serviría: en un instante, por definición, no ha transcurrido nada de tiempo, con lo cual la velocidad no se podría calcular (¡han transcurrido 0 horas!). Lo que sí podríamos hacer, no obstante, es calcular la distancia recorrida durante un periodo de tiempo muy pequeño. Supongamos que empiezo a calcular la distancia cuando el coche pasa por un cierto punto A, y al cabo de h horas (h es una cantidad muy pequeña) veo que estoy en el punto B, y cuento la distancia recorrida $(B - A)$. La velocidad será $v = \frac{B-A}{h}$ km/h. Para generalizar la proporción anterior, consideraremos que tengo una función que describe los puntos por los que pasa el coche en función de la hora: a las 3:00:00 estaba en el punto kilométrico 302, a las 3:00:12 estaba en el punto kilométrico 302,3, etcétera. Llamemos $f(x)$ a esa función que

Tabla 3. ORDENACIÓN DE LAS FUNCIONES SEGÚN LA VELOCIDAD A LA QUE SE ACERCAN A INFINITO. CUANTO MÁS SE DESCIENDE EN LA TABLA, MÁS RÁPIDAMENTE TIENDEN A INFINITO
Orden de las funciones
$f(x) = \log_a x$
$f(x) = \sqrt[n]{ax}$
$f(x) = a_0 + a_1 x + ... + a_n x^n$
$f(x) = ae^{bx}$

calcula la posición según el tiempo. La fórmula de la velocidad entre el momento t y el momento $t + h$ (o sea, cuando hayan transcurrido h horas) será ahora $v = \frac{f(t+h)-f(t)}{h}$ km/h. En nuestro ejemplo, como doce segundos son la tricentésima parte de una hora,

$$v = \frac{302,3 - 302}{\left(3 + \dfrac{1}{300}\right) - 3} = 90 \text{ km/h.}$$

Pero, como 12 segundos nos siguen pareciendo mucho tiempo, nos preguntamos cuál será la velocidad si pudiésemos ir tomando intervalos de tiempo cada vez más pequeños. La respuesta, una vez más, está en el límite:

la velocidad (o sea, la velocidad instantánea en un cierto instante t) no sería más que:

$$v(t) = \lim_{h \to 0} \frac{f(t+h) - f(t)}{h}$$

Vemos como, a partir de la proporción de diferencias (diferencia de posiciones dividido entre diferencia de tiempos) y mediante el uso de valores infinitamente pequeños, hemos logrado dar una definición de velocidad instantánea, que, entre otras cosas, nos permite responder a la pregunta «¿a qué velocidad estoy yendo ahora mismo?». El proceso que acabamos de seguir constituye la base del cálculo diferencial, es decir, el estudio de cómo varían unas magnitudes (en nuestro ejemplo, la posición) en función de la variación de otras (en nuestro ejemplo, el tiempo).

Asimismo, como la definición de la velocidad instantánea se deriva de los valores de la función $f(t)$, diremos que hemos calculado la derivada de la función f en el punto t. Los diferenciales, las derivadas, constituyen las piezas fundamentales del análisis matemático, que, como hemos visto, se basan en el infinito potencial; en este caso, en un viaje hacia el 0, tomando pasos cada vez menores, hasta tener un tamaño infinitamente pequeño. Por descontado, infinito (o infinitésimo) solo en potencia.

Armados con los conceptos de función, de continuidad, de límite y de derivada, los matemáticos podrán acometer ya el estudio riguroso de todos ellos, en un proceso que se inicia en el siglo XVII. Descartes ya había empezado a sistematizar la geometría mediante su expresión en lenguaje algebraico. Y, ahora que el lenguaje estaba creado, había llegado el momento de escribir las primeras frases.

El análisis matemático en sus orígenes

El análisis matemático, que constituye el espacio natural dentro de las matemáticas para los infinitésimos, se inició de forma brillante durante el siglo XVII de la mano de matemáticos tan ilustres como Leibniz. Se lo considera el iniciador de la teoría, al menos en cuanto a las publicaciones, porque algún matemático coetáneo afirmó que ya había empezado a desarrollar los conceptos, pero sin publicar nada todavía antes que Leibniz y los hermanos **Jakob Bernoulli** (1654-1705) y **Johann Bernoulli** (1667-1748), colaboradores y continuadores de Leibniz en el trabajo con infinitésimos.

La familia Bernoulli tenía una buena posición en la ciudad suiza de Basilea. El padre de Jakob y Johann era consejero del municipio y la madre provenía de una familia de banqueros.

A Jakob Bernoulli le apasionaban las matemáticas. Había estudiado teología en Basilea por deseo de su padre, pero lo compaginó desde el primer momento con el estudio de las matemáticas. En cuanto se graduó, marchó a estudiar matemáticas por Europa, principalmente en París, donde tuvo acceso a los trabajos de Descartes y conoció a algunos de sus discípulos. A su regreso a Basilea decidió dedicarse a lo que le apasionaba: las matemáticas y sus aplicaciones.

Johann Bernoulli, trece años menor que su hermano Jakob, estudió medicina por deseo de su padre, pero recibía clases particulares de matemáticas de su hermano Jakob, quien le iba contagiando poco a poco el gusto por los conocimientos adquiridos durante su periplo por Europa: el cálculo y el análisis. Johann presentó la tesis final de sus estudios de medicina en 1690, cuando Jakob ya era catedrático de matemáticas en Basilea. Desde entonces, el hermano menor se dedicó exclusivamente, junto con Jakob, que le iba guiando, a estudiar a fondo las recientes publicaciones de Leibniz, donde se definía formalmente, por primera vez, el concepto de infinitésimo.

Mientras tutorizaba a su hermano menor, Jakob demostraba un gran dominio de las nuevas herramientas en la aplicación a problemas prácticos: por ejemplo, utilizó infinitésimos para demostrar de forma analítica la

Los hermanos Bernoulli.

idea del reloj de péndulo diseñado por el matemático neerlandés Christiaan Huygens (1629-1695). El artículo que Jakob publicó al respecto contiene la primera referencia escrita al término 'integral' para referirse a una suma infinita de infinitésimos, un concepto clave desde ese momento para el análisis matemático. Si las derivadas parten de la idea de variaciones (diferencias) cada vez más pequeñas, para responder a preguntas como ¿a qué velocidad estoy viajando ahora mismo?, las integrales parten de la idea de agrupaciones (sumas) cada vez más pequeñas para responder a preguntas como ¿cuánto mide el área de esta zona? El concepto de integración, pues, constituye el inverso del de diferenciación (sumas frente a restas) y además generaliza la idea de cálculo de superficies mediante el método de exhaución, conocido desde la antigua Grecia: divide la zona que quieres medir en recintos muy pequeños, de los que sepas calcular sus superficies (por ejemplo, rectángulos de base muy estrecha), y obtendrás la superficie total sumándolas todas. ¡Jakob había unido a Arquímedes, Descartes y Leibniz!

Orgulloso por la demostración, Jakob se propuso intentar resolver el problema de caracterizar mediante las nuevas herramientas la curva catenaria, o sea, encontrar una fórmula que explique la curva que describe una cuerda suspendida y sostenida en sus extremos por sendos postes. Galileo Galilei (1564-1642) había postulado años atrás que dicha curva era una parábola, pero Jakob quería comprobar analíticamente si esto era cierto o no. En 1691, su hermano Johann, que mantenía una intensa

El péndulo de Huygens

Para ganar precisión en los relojes de péndulo, Huygens propuso la construcción de un reloj cuyo péndulo no describiera una circunferencia, sino una *cicloide*, cuya trayectoria es isócrona. Es decir, un cuerpo que describa una cicloide invertida tardará el mismo tiempo en llegar al centro, sin importar desde dónde empiece el descenso. Jakob Bernoulli demostró la isocronía de la cicloide mediante la ecuación diferencial: llamó y' a la derivada de la altura de la cicloide, y, en función de la posición horizontal, x; así, se tiene que

$$y'^2 = \frac{2r - y}{y},$$

donde r es el radio de la circunferencia que genera la cicloide. Para solucionar esta ecuación y lograr una expresión de y en función de x,

relación epistolar con Leibniz y Huygens (de hecho, fue Huygens quien acuñó el término *catenaria*), se le adelantó demostrando que la hipótesis de Galileo era falsa: la diferencia entre una curva catenaria y una parábola, a una distancia x del punto más bajo (vértice), era del orden de x^4, lo cual es muy pequeño si x es menor que 1 en valor absoluto (por ejemplo, $0,1^4 = 0,000\,1$), lo que explicaría la confusión de Galileo, pero para valores mayores la diferencia puede ser muy significativa ($10^4 = 10\,000$, lo

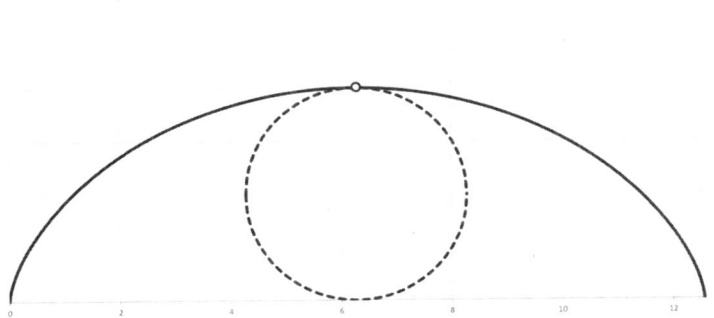

Figura 16. La cicloide es la trayectoria que describe un punto situado sobre una circunferencia, cuando esta gira sobre una superficie plana.

era necesario «deshacer» la derivada, por lo que Jakob Bernoulli tuvo que desarrollar el concepto de «inversa de la derivada», es decir, la integral. Ø

cual representa un claro error de medición). La ecuación de la catenaria es, de hecho,

$$y = \frac{e^{x/a} + e^{-x/a}}{2},$$

donde a depende del peso de la cuerda.

La publicación de Johann Bernoulli supuso el inicio de una rivalidad entre hermanos que marcaría para siempre el anhelo de ambos por superar al otro, tanto en conocimiento como en resultados.

Quizá por la rivalidad mantenida con su hermano, que estaba llegando incluso al ámbito personal, Johann se trasladó a París, donde conoció a Guillaume François Antoine, marqués de l'Hôpital (1661-1704), un miembro adinerado de un linaje de militares que, debido a su extrema miopía, no podía seguir con la tradición familiar y estaba meditando a qué podría dedicar su gran fortuna. L'Hôpital asistió a una conferencia impartida por Johann Bernoulli y al instante decidió que su futuro estaba ligado al cálculo matemático y a los infinitésimos. Contrató de inmediato a Johann para que fuera su profesor particular,

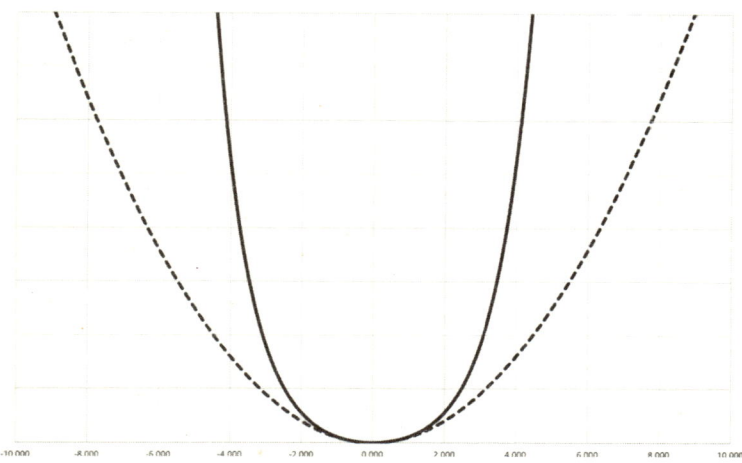

Figura 17. Comparación entre las gráficas de la curva catenaria y la parábola. Para valores cercanos a 0, ambas son muy similares, pero al alejarse se observa que las dos curvas son muy distintas.

al igual que hizo con un escriba para que transcribiera las conclusiones de l'Hôpital después de cada clase.

Además de los beneficios económicos, Johann se veía obligado a explicar con todo detalle sus avances, lo cual le ayudaba a aclarar sus ideas, mientras l'Hôpital daba órdenes precisas al escriba para que lo anotara todo en un lenguaje claro y expositivo. Cuando Johann decidió dejar París para regresar a Basilea, l'Hôpital le pidió que mantuvieran sus clases por carta y le ofreció continuar pagándole el mismo salario por sus servicios como profesor. Johann aceptó encantado.

La estancia en Basilea no debió de ser muy placentera para Johann, cuya relación con su hermano Jakob no había mejorado ni un ápice. Apadrinado por Huygens, Johann decidió aceptar una plaza de profesor en la Universidad de Groningen y poner tierra de por medio con respecto a su hermano.

En 1696, l'Hôpital publicó de forma anónima una recopilación de sus apuntes sobre infinitésimos, en cuyo prólogo agradecía la labor magistral de Leibniz y de los hermanos Bernoulli, particularmente de Johann. Como estaban escritos en un lenguaje bastante accesible, el manual se convirtió enseguida en un texto de referencia para todo el que quisiera introducirse en el mundo del cálculo diferencial. La obra incluía una regla

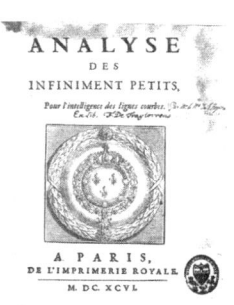

Portada del manual de cálculo de l'Hôpital, publicado de forma anónima.

para trabajar con límites indeterminados (por ejemplo, cuando el límite de una proporción se acercaba a valores del estilo 0/0 o ∞/∞). Hasta ese momento, para resolver límites era necesario ceñirse a la definición inicial y aplicar técnicas más o menos farragosas de resolución de indeterminaciones; por ejemplo, costaba resolver la cuestión de cuál era el resultado de

$$\lim_{x \to 0} \frac{e^x - e^{-x}}{\sin(x)}.$$

Dicha regla generaliza el concepto de velocidad de funciones en cuanto a su magnitud respecto al infinito y se conoce desde entonces como «regla de l'Hôpital». Básicamente, la regla dice que, en caso de indeterminación, basta con calcular la derivada del numerador y la del denominador, y calcular el límite de la división de ambas derivadas. Siguiendo el ejemplo anterior y dando por supuesto que el lector sabe calcular derivadas, el valor del límite que se ha de resolver es igual a

$$\lim_{x \to 0} \frac{e^x + e^{-x}}{\cos(x)} = \frac{e^0 + e^{-0}}{\cos(0)} = \frac{1+1}{1} = 2.$$

Cuando el manual llegó a manos de Johann Bernoulli, este montó en cólera y acusó a l'Hôpital de plagio y de apropiarse de sus ideas. Pero no pasaría mucho tiempo hasta que infligiera su pequeña venganza. A finales de ese mismo año lanzó un reto a la comunidad matemática: caracterizar la curva de descenso más rápido, es decir, el camino que sigue un punto sometido solamente a la

El prólogo del Manual de L'Hôpital

Aunque l'Hôpital empezaba su manual agradeciendo las enseñanzas recibidas y dando crédito a sus mentores por lo que se publicaba, el *Análisis de los infinitamente pequeños* se popularizó como «el manual de l'Hôpital» y la regla principal se convirtió en «la regla de l'Hôpital». En particular, el prólogo dice:

> *Por lo demás, reconozco que le debo mucho a las luces de los señores Bernoulli, sobre todo a las del joven que actualmente es profesor en Groningen. Me he servido sin reparo de sus descubrimientos, así como de los del señor Leibniz. Es por ello por lo que estoy de acuerdo en que ellos reivindiquen todo lo que les plazca y yo me contentaré con lo que ellos tengan a bien dejarme.* Ø

gravedad para ir de *A* a *B* del modo más rápido. Johann publicó su propia solución y se comprometió a estudiar las soluciones recibidas y publicarlas en un artículo.

Después de ampliar el plazo de recepción de soluciones, ya que nadie había respondido al reto, Johann recibió cinco respuestas:

- La de su hermano Jakob. Este quería en esta ocasión superar a Johann y planteó un problema más general, resolviendo el problema de su hermano como un caso particular. Su trabajo se convirtió en la semilla de los trabajos posteriores de Euler sobre el cálculo de variaciones y de Lagrange sobre el cálculo infinitesimal, lo que demuestra la productividad, desde el punto de vista matemático, de la rivalidad entre los hermanos Bernoulli.

- **La de Newton.** Sir Isaac Newton, seguramente animado por su maestro Wallis, sentía poco aprecio por Leibniz y sus seguidores. Por ello envió su solución con un nivel mínimo de detalles (dijo que había tenido constancia del reto con muy poco margen y que solo pudo dedicarle una noche), de forma anónima (aunque Johann Bernoulli supo al instante que el autor era Newton) y junto con una nota en la que declaraba que no le gustaba que extranjeros lo molestaran con temas matemáticos.
- **La de Leibniz.**
- **La de Von Tschirnhaus,** un matemático alemán que mantenía correspondencia con Leibniz y, pese a estar interesado en otros temas, decidió enfrentarse al reto.
- **Y la de l'Hôpital.**

Aunque todas eran correctas (la curva de descenso más rápido es, ¡cómo no!, la ya famosa cicloide), Johann Bernoulli publicó las cuatro primeras soluciones junto con la suya propia, *olvidándose* de la de l'Hôpital. La fama y el reconocimiento público que Johann Bernoulli había prometido para los participantes no recayeron en esta ocasión en el marqués.

No sabemos cuál hubiera sido el nivel de conocimiento alcanzado en el mundo del análisis matemático si la rivalidad personal no hubiera existido, como entre Jakob Bernoulli y Johann Bernoulli, l'Hôpital y Johann Bernoulli o entre Newton y Leibniz, entre otros, pero está claro que todos ellos, con sus luces y sus sombras, contribuyeron al desarrollo de este campo en un contexto histórico marcado por el deseo de iluminar todos los aspectos de la vida humana mediante la luz de la razón. Sus herederos les estaremos infinitamente agradecidos. Al menos, en potencia.

Infinitos reales.
Los infinitos son todos iguales, aunque unos más que otros

Una de las características que definen la labor matemática es la austeridad en los razonamientos. Si existe una forma más simple de realizar una demostración, se busca hasta que se encuentra. Y, frente a cada nuevo viaje matemático por emprender, se busca la forma de llevar el mínimo equipaje posible. En matemáticas, el equipaje es el conjunto de reglas y de conocimiento adquirido necesario (¡y suficiente!) para dar respuesta a los retos que se plantean. Desde el «solo sé que no sé nada» de Sócrates en el siglo v a. C., pasando por el «pienso, luego existo» de Descartes en el siglo xvii, se van construyendo escaleras de conocimiento hasta llegar al objetivo.

Respecto al infinito, a lo largo de la historia ha habido muchos matemáticos que se han preguntado si el infinito, como cantidad, es algo que realmente existe y, en caso de que así sea, si hay solo un infinito o más de uno. Puede parecer una pregunta sin sentido, porque la primera respuesta que nos suele venir a la mente es del estilo: «El infinito es infinito. Si existiera, habría solo uno. Y, en realidad, el infinito no existe, más que en potencia. Es un ente inalcanzable».

Pero ¿y si hubiera un infinito real? ¿Y si, ciertamente, hubiera diversos infinitos, unos más grandes que otros?

Si imaginamos dos conjuntos muy grandes (de hecho, con infinitos elementos), ¿podríamos saber si uno es más grande —esto es, tiene más elementos— que el otro? La lógica aristotélica nos muestra como algo obvio que la cantidad de números naturales es mayor que la cantidad de números naturales que son pares (porque el segundo conjunto tiene la mitad de elementos que el primero). ¿Es realmente así? ¿Hay alguien dispuesto a razonar contra toda lógica?

Para responder a cuestiones como las anteriores, es necesario replantearnos las definiciones más obvias, como qué es un conjunto, de qué está compuesto, cómo se relacionan los conjuntos entre sí, etcétera. Y si, además, queremos que las respuestas sirvan para todo tipo de conjuntos, bajo cualquier circunstancia, será necesario desarrollar una teoría sobre los conjuntos. No seríamos buenos matemáticos si nos conformáramos solamente con dar respuesta a un caso concreto; nos gusta más encontrar una teoría general que, después, podamos aplicar a casos concretos. Al hablar de conjuntos, lo primero que hay que hacer es asomarnos a la mente del padre de la teoría de conjuntos, Georg Cantor. Vamos allá.

Enfrentarse al *statu quo*: el infinito existe, y hay más de uno

El matemático **Georg Cantor** (1845-1918) nació en Rusia y se crio en un entorno fuertemente religioso: su madre, católica romana, vivía su fe con devoción y el padre del pequeño Georg, un firme protestante luterano, era incluso más ferviente. La fe, por tanto, entendida como «la creencia sin necesidad de demostraciones», marcó la infancia de Cantor y, de algún modo, le afectó profundamente en su estabilidad emocional: a medida que sus hallazgos matemáticos lo separaban de la idea de Dios como el ser único, verdadero e infinito y, por tanto, inalcanzable (al menos en la vida mundana), su lucha interna entre fe y matemáticas se manifestaría de forma cada vez más evidente.

El joven Georg Cantor hacia 1870.

Cortes de Dedekind

Dedekind construyó los números reales mediante secciones de números racionales, los denominados «cortes de Dedekind»:

Sea C un conjunto. Diremos que C es totalmente ordenado si, dados dos elementos cualesquiera, $a, b \in C$, siempre es cierto que $a \leq b$ o que $b \leq a$, donde $\leq$ es una relación de orden, o sea, una relación que cumple las propiedades reflexiva, antisimétrica y transitiva.

Dado un conjunto C totalmente ordenado, un corte de Dedekind es una partición de C en dos conjuntos, C_1 y C_2 ($C_1 \cup C_2 = C$, $C_1 \cap C_2 = \varnothing$), de forma que $\forall\, c_1 \in C_1$, $c_2 \in C_2$, $c_1 \leq c_2$. La definición de cortes permite definir algo que quede en medio de C_1 y C_2, y que por tanto no será un elemento del conjunto C. Por ejemplo, mediante un corte de Dedekind se puede separar el conjunto de los números racionales en dos grupos: los negativos más aquellos cuyo cuadrado sea menor que 2 y los positivos cuyo cuadrado sea mayor que 2. Lo que queda en medio, fuera de los dos conjuntos, se define como $\sqrt{2}$. Por exclusión, pues, los cortes de Dedekind definen los números reales. ⌀

Cuando Georg contaba 11 años, la familia Cantor se trasladó desde San Petersburgo a Alemania, gracias a lo cual pudo tener acceso a una mejor formación en matemáticas. Destacó durante su paso por el instituto por su habilidad con las ciencias e ingresó en la Universidad de Berlín, donde tuvo el privilegio de asistir a clases impartidas por matemáticos de la talla de Karl Weierstraß (1815-1897), Ernst Kummer (1810-1893) y Leopold Kronecker (1823-1891), entre otros.

En 1867, el joven Cantor obtuvo el doctorado y ocupó diversos cargos de docencia, combinando dicha actividad con el análisis de conjuntos de números, cosa que le apasionaba pero que, a la vez, empezaba a sumirle en periodos de depresión. Quizá el infinito no resultara ser tan inalcanzable y único como su fe le había dictado.

Cantor mantenía correspondencia con diversos matemáticos que trabajaban en campos similares, lo que enriquecía sus argumentos y, a su vez, le permitía estar al día de los últimos avances. A través de la frecuente correspondencia con **Richard Dedekind** (1831-1916), por ejemplo, entró en contacto con el proceso de construcción de los números reales. Frente al enfoque propuesto por Dedekind basado en lo que él llamaba «cortes», Cantor prefería un enfoque basado en las sucesiones de Cauchy: una sucesión de números a_1, a_2, a_3, ... se denomina «de Cauchy» si, para cada número real $\varepsilon > 0$, existe un término a_n a partir del cual las diferencias entre dos números cualesquiera de la sucesión serán inferiores a ε. En términos matemáticos, $\forall \varepsilon > 0 \; \exists n \in \mathbb{N} \mid \forall m,s > n, |a_m - a_s| < \varepsilon$. En este caso, la construcción de números reales consistía en demostrar que todo número real se puede expresar como el límite de una sucesión de Cauchy de números racionales.

Un ejemplo de construcción mediante sucesiones de Cauchy es el número e, que es aquel al que llegaríamos si calculáramos: $\lim_{n\to\infty}(1+1/n)^n$.

La sucesión de números definida por $a_n = (1+1/n)^n$ es una sucesión de Cauchy formada por números racionales, pero su límite, el número *e*, no es un número racional, sino un número real.

Al darse cuenta de que había números reales que estaban al final de una sucesión de números racionales, Cantor empezó a vislumbrar que quizá no hubiera un solo infinito, sino más de uno: el infinito que describe la cantidad de números racionales, por ejemplo, y otro mucho mayor, que describe la cantidad de números reales. ¡Un golpe directo a las enseñanzas religiosas que había recibido! Sea como fuere, y en medio de una crisis de depresión provocada por el impacto teológico que acababa de recibir, Cantor decidió seguir investigando.

En diciembre de 1873, Cantor escribió de nuevo a Dedekind comentándole que podía demostrar que los números reales, a diferencia de los naturales, no son numerables, no pueden ser enumerados. Es decir, hay tantos números reales que el tamaño de su conjunto es «infinitamente superior» al tamaño del conjunto de números naturales, que sí que se pueden contar a pesar de ser también infinitos. En términos matemáticos, y extendiendo la noción de «cardinal» (número de elementos de un conjunto) a conjuntos de tamaño infinito, Cantor expresó en su carta que $card(\mathbb{R}) > card(\mathbb{N})$. A partir de ahí, se dedicó a estudiar los tamaños relativos de conjuntos inmensamente grandes, es decir, de conjuntos infinitos o, siguiendo la nomenclatura de Cantor, «conjuntos transfinitos». De forma parecida a como Arquímedes contaba granos de arena, Cantor quería establecer cantidades que reflejaran estas magnitudes que se escapan de nuestra mente finita. Decidió utilizar la letra álef ($\aleph$) del alfabeto hebreo para identificar los cardinales transfinitos a los que, desde ese momento, llamó simplemente «cardinales». De este modo, y por tratarse del conjunto infinito más pequeño, llamó $\aleph_0$ a $card(\mathbb{N})$. Según esta notación, Cantor había expresado la hipótesis $card(\mathbb{R}) > \aleph_0$.

La línea de investigación de Cantor se centró desde ese momento en el desarrollo de un sistema de numeración (una aritmética) que diera respuesta a las preguntas que formuló: ¿qué conjuntos tienen cardinalidad igual a $\aleph_0$? ¿Podríamos numerar de alguna forma los cardinales transfinitos de forma que pudiéramos hablar de $\aleph_1$, $\aleph_2$, ..., $\aleph_n$, ...? Existe algún i tal que $card(\mathbb{R}) > \aleph_i$? Las conclusiones a las que llegó buscando estas y otras respuestas no dejaron de sorprenderle.

Cantor pensó que, al poder asociarse el cardinal $card(\mathbb{R})$ con la cantidad de puntos que hay en la recta de los números reales, seguramente la cardinalidad de los puntos del plano real sería igual a $card(\mathbb{R})^2$. En un principio, esta suposición le pareció tan evidente que creía que la demostración sería prácticamente innecesaria y así se lo comentó a Dedekind en una carta. No obstante, ya había comprobado que a veces los hallazgos matemáticos entraban en contradicción con sus creencias, por lo

El infinito

que decidió investigar y ofrecer una demostración formal de su hipótesis. De hecho, en 1877 Cantor demostró que el cardinal del plano real también es *card*($\mathbb{R}$), o sea, que

Una demostración de que $\lim_{n \to \infty}(1 + 1/n)^n = e$

Existen diversas demostraciones de esta igualdad, aunque la más sencilla, que aprovecha propiedades de las derivadas, es la siguiente:

Sabemos que la función exponencial es la única función que coincide con su derivada, es decir, cuando cierta función $f(x)$ es tal que $df(x)/dx = f(x)$, entonces $f(x) = b\,e^x$, siendo b una cierta constante.

Definimos ahora un conjunto de funciones, $\{a_n(x)\}_{n \in \mathbb{N}}$, de manera que $a_n(x) = (1 + x/n)^n$; cada función del conjunto es derivable y su derivada es (aplicando la regla de la cadena) como sigue:

$$\frac{da_n(x)}{dx} = n\left(1 + \frac{x}{n}\right)^{n-1}\frac{1}{n} = \left(1 + \frac{x}{n}\right)^{n-1}$$

O sea,

$$\frac{da_n(x)}{dx} = \frac{\left(1 + \dfrac{x}{n}\right)^n}{1 + \dfrac{x}{n}} = \frac{a_n(x)}{1 + \dfrac{x}{n}}$$

De la igualdad anterior se deduce que, tomando límites cuando n tiende a infinito, las derivadas de $a_n(x)$ tienden precisamente a $a_n(x)$:

existe exactamente la misma cantidad de puntos en el plano real que en una recta (aunque, de hecho, hay infinitas rectas en un plano).

$$\lim_{n \to \infty} \frac{da_n(x)}{dx} = \lim_{n \to \infty} \frac{a_n(x)}{1 + \dfrac{x}{n}} = \lim_{n \to \infty} a_n(x)$$

Definimos ahora la función $f(x) = \lim_{n \to \infty} a_n(x)$ y vamos a calcular su derivada a partir de la definición de derivada como un límite:

$$\frac{df(x)}{dx} = \lim_{h \to 0} \frac{f(x + h) - f(x)}{h} = \lim_{h \to 0} \frac{\lim_{n \to \infty} a_n(x + h) - \lim_{n \to \infty} a_n(x)}{h} =$$

$$= \lim_{h \to 0} \frac{\lim_{n \to \infty} \{a_n(x + h) - a_n(x)\}}{h} = \lim_{h \to 0} \lim_{n \to \infty} \frac{a_n(x + h) - a_n(x)}{h} =$$

$$= \lim_{n \to \infty} \lim_{x h \to 0} \frac{a_n(x + h) - a_n(x)}{h} = \lim_{n \to \infty} \frac{da_n(x)}{dx} = \lim_{n \to \infty} a_n(x) = f(x)$$

Podemos afirmar, por tanto, que $f(x) = b \, e^x$, o sea, $\lim_{n \to \infty} (1 + x/n)^n = b \, e^x$.

Como la igualdad anterior se cumple para todo valor de x, tomamos por ejemplo $x = 0$ y vemos que $\lim_{n \to \infty} (1 + 0/n)^n = \lim_{n \to \infty} (1)^n = 1$, con lo cual, $1 = b \, e^0 = b$, es decir, $b = 1$. Por tanto, en general $\lim_{n \to \infty} (1 + x/n)^n = e^x$, $\forall x$; en particular, tomando $x = 1$: $\lim_{n \to \infty} (1 + 1/n)^n = e$. ∅

¿Por qué א?

En la mística hebrea de la Cábala, las diez emanaciones que conforman el árbol de la vida sirven para poner en contacto los mundos físico y metafísico. Cada emanación (*sefira*) es un camino para acercarnos a Dios (*Elohim*), una entidad tan grande, tan suprema, tan lejos de cualquier descripción que se le da el único nombre que los cabalistas podrían usar para describirlo: *ein sof*. O sea, el infinito. Dios es inescrutable e indescriptible en su totalidad, porque el infinito está mucho más allá de lo que la mente humana puede, siquiera, atisbar. Cada *sefira* es uno de los aspectos finitos que los cabalistas han podido recoger de la inmensidad del infinito y conforman toda la creación de Dios, desde el nivel más bajo y mundano de una piedra hasta la propia maravilla del infinito mismo. Todo está conectado con todo, de forma que la esencia divina está en todas partes, en la tierra y en el cielo. El infinito contiene las diez partes, pero es mucho más que eso por ser inmensurablemente mayor que la suma de sus partes.

En hebreo, las palabras *Elohim* y *ein sof* empiezan con la letra א, que designa asimismo el número 1. Unicidad, Dios y el infinito, resumidos en un único símbolo.

Cantor no dejó pasar la oportunidad de utilizar una letra tan cargada de simbología para bautizar su concepción del infinito. ∅

Antes de ver el procedimiento que permitió a Cantor demostrar aquello que, según su intuición, le parecía falso, veamos otras *intuiciones* que, de forma más sencilla, también demostró Cantor y que se basan en el siguiente principio de todo conjunto:

> Si somos capaces de emparejar, en una relación de uno a uno, cada elemento de un conjunto con cada elemento de otro conjunto, entonces los cardinales de ambos conjuntos coincidirán.

La relación de emparejamiento uno a uno entre dos conjuntos se conoce actualmente como «relación biyectiva» (aunque la definición formal de relación biyectiva es posterior, como veremos más adelante; en este punto, lo importante es el concepto de *emparejar* uno a uno) y fue el pilar sobre el que Cantor construyó su teoría de la existencia de diversos cardinales transfinitos. Asimismo, la definición de relación biyectiva sirvió a Cantor para definir el concepto de potencia: dos conjuntos tienen la misma potencia si puede establecerse una relación biyectiva entre ambos. Frente a la dualidad finito-infinito, Cantor estableció de una manera formal el concepto de conjunto transfinito: si dado un conjunto C puede establecerse una relación biyectiva entre C y algún subconjunto suyo $S \subseteq C$, entonces C es transfinito.

Conjuntos que son iguales en tamaño

Cantor realizó una serie de demostraciones en cuanto al tamaño de conjuntos infinitos que iban en contra de la intuición imperante hasta el momento. No obstante, según la lógica transfinita toman mucho sentido:

- **Hay tantos números naturales como números naturales pares.** En el caso de los números naturales (cuyo cardinal es $\aleph_0$) y los números naturales pares (cuyo cardinal debería ser, intuitivamente, algo como $\aleph_0/2$), existe una forma sencilla de emparejar cada número natural con un único natural par y viceversa. Asignamos a cada número natural su doble: el 1 se empareja con el 2, el 2 se empareja con el 4, el 3 se empareja con el 6, etcétera. Así, cada número natural tiene una única pareja en el conjunto de los números pares y no hay ningún número par sin pareja (la pareja de todo número del conjunto de naturales pares es, ni más ni menos, su mitad).

- **Hay tantos números racionales como números naturales.** De un modo similar, aunque un poco menos trivial, Cantor demostró que el cardinal de los números racionales, *card*($\mathbb{Q}$), es también $\aleph_0$. Simplemente basta encontrar una forma de asignar cada número racional a uno natural o, lo que es lo mismo, ordenar los números racionales para poder determinar cuál sería el primero, cuál el segundo y así sucesivamente. Para ello, basta

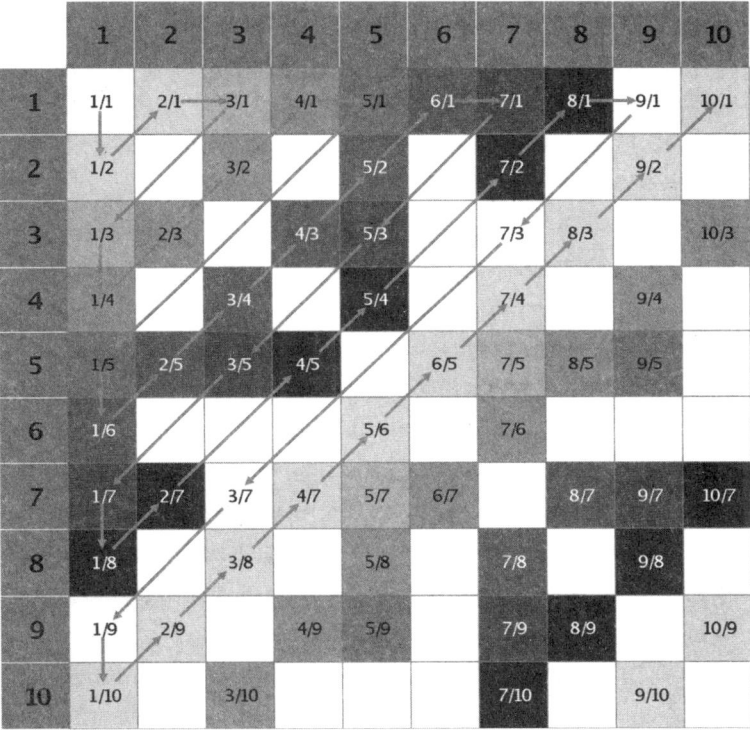

Figura 18. Relación biyectiva entre los números racionales y los naturales. Las fracciones que no corresponden a divisiones de números primos entre sí se han dejado en blanco.

con colocar todos los números racionales (o sea, números de la forma p/q, $MCD(p, q) = 1$) en una tabla, como se aprecia en la figura 18.

Observamos que las diagonales de la tabla se corresponden con los números racionales cuyo numerador y denominador suman igual, de forma que podemos establecer un orden: pondremos en

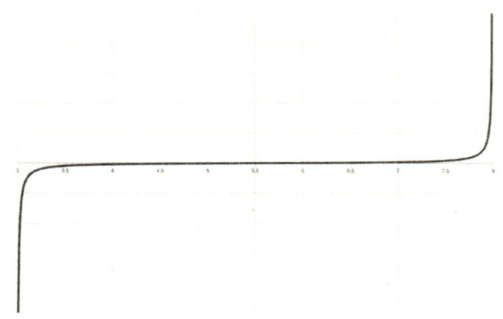

Figura 19. Gráfica de la relación entre el intervalo (3, 8) —eje horizontal— y la recta real —eje vertical—.

primer lugar los racionales cuyo numerador y denominador sumen 2, luego los que sumen 3, etcétera, lo que equivale a seguir el camino marcado por las flechas, esto es, avanzar siempre por las diagonales tanto como sea posible. De este modo, el número racional 1/1 irá primero, luego le seguirán el 1/2 y el 2/1, y así sucesivamente. Siguiendo el esquema, por tanto, vemos que es posible saber qué posición ordenada, es decir, qué número natural, le corresponde a cada número racional y viceversa.

- **Hay tantos puntos en un segmento como en toda la recta real.** Para ver que un intervalo (a, b) de la recta real tiene tantos puntos como toda la recta real, basta con tomar la siguiente relación de emparejamiento: a cada número x del conjunto (a, b) se le asigna el número real $p = \dfrac{2x-(a+b)}{2(b-x)(x-a)}$, cuyas características son:

- El punto medio del segmento (a, b), $\frac{a+b}{2}$, se empareja con el 0 (y el 0 con el punto medio, por supuesto).

- Los números a la izquierda del punto medio del segmento se emparejan con los números negativos en orden decreciente (se observa que $\lim_{x \to a^+} f(x) = -\infty$).

- Los números a la derecha del punto medio del segmento se emparejan con los números positivos en orden creciente (se observa que $\lim_{x \to b^-} f(x) = +\infty$).

- Todo número real tiene una pareja $x \in (a,b)$. Basta con deducir el valor de x de la relación de emparejamiento:

$$p = \frac{2x-(a+b)}{2(b-x)(x-a)} \leftrightarrow 2p(b-x)(x-a) = 2x-(a+b) \leftrightarrow$$
$$2px^2 + 2(1-p(a+b))x + 2pab - (a+b) = 0 \to$$
$$x = \frac{p(a+b)-1+\sqrt{1+p^2(a+b)^2 - 4p^2ab}}{2p}.$$

Cada oveja con su pareja.

- **Hay tantos puntos en el plano real como en la recta real.** Para esta demostración, Cantor necesitó darse cuenta, simplemente, de que todo número real tiene infinitos dígitos decimales, es decir, $1 = 1{,}000\,000\ldots$, $2{,}45 = 2{,}450\,000\,000\ldots$, $1/3 = 0{,}333\,333\,33\ldots$, etcétera. Asimismo, el número 1 también se puede escribir como $0{,}999\,999\,999\ldots$, ya

que, de hecho, la diferencia entre 1 y 0,999 999 9...
es 0. Mediante esta notación, tomemos todos
los puntos del rectángulo [0, 1] × [0, 1], es de-
cir, $\{(a, b)\} \in \mathbb{R}^2 \mid a = 0.a_1a_2a_3 ..., b = 0.b_1 b_2 b_3 ...\}$.
Es fácil observar que el conjunto $\{c \in \mathbb{R} \mid c = 0.$
$a_1b_1a_2b_2a_3b_3 ...\}$ construido a partir del conjunto
anterior coincide con el conjunto de todos los elementos del segmento [0, 1]. Asimismo, a partir del
conjunto de todos los números del intervalo [0,
1], escritos como $\{c \in \mathbb{R} \mid c = 0.c_1c_2c_3 ...\}$, podemos
construir el conjunto $\{(a, b)\} \in \mathbb{R}^2 \mid a = 0.c_1c_3c_5 ...,$
$b = 0.c_2 c_4 c_6 ...\}$. Es fácil también observar que este
conjunto es exactamente todo el rectángulo [0, 1]
× [0, 1]. Cantor estableció mediante el *truco* de tomar las posiciones alternas una relación biyectiva
entre un segmento y un rectángulo; como cada
segmento contiene el mismo número de puntos
que toda la recta (según se ha visto en el apartado anterior), queda demostrado que el número de
puntos de una recta y el número de puntos de un
plano son iguales. En general, siguiendo el mismo
razonamiento, se puede demostrar fácilmente
que $card(\mathbb{R}^n) = card(\mathbb{R})$, $\forall n \in \mathbb{N}$.

Como es de suponer, la reacción de la comunidad
matemática más tradicional frente a las demostraciones
anteriores fue de rotunda negación de los resultados de
Cantor, en especial la última, porque atacaba directamente a los fundamentos de la geometría: la noción de

dimensión de un espacio, en su sentido más intuitivo. Incluso el propio Cantor, después de ver los resultados, exclamó en una carta que escribió a Dedekind en 1877: «¡Lo veo y no lo creo!».

Un gran conjunto que no mide nada

En 1883, Cantor desarrolló de nuevo un concepto que entraba en contradicción con la lógica imperante hasta ese momento. Definió un conjunto de números (el «conjunto de Cantor») a partir de la intersección de infinitos conjuntos de segmentos del intervalo [0,1], de tal manera que el conjunto final no estaba vacío, aunque su longitud total era igual a 0. Además, tras una vuelta de tuerca, Cantor demostró que el cardinal de este conjunto era no numerable. O sea, el conjunto de Cantor y el conjunto de los números reales tienen la misma potencia, pero el primero tiene longitud total igual a 0. La comunidad científica se le echó encima.

Solo la mediación de Dedekind en favor de Cantor permitió que sus trabajos se publicaran y Cantor pudo proseguir su investigación. Gracias a su nueva amistad epistolar con el matemático sueco Gösta Mittag-Leffler (1846-1927), fundador y editor de la revista *Acta Mathematica*, Cantor decidió seguir publicando allí los resultados de sus investigaciones. Aunque era consciente de que su obra estaba sometida a la oposición del pensamiento generalizado respecto al infinito matemático y la naturaleza de los números, estaba convencido de que sus ideas sobre los números transfinitos se podían plasmar en una

Figura 20. Representación de los 8 primeros conjuntos de la construcción del conjunto de Cantor: el primero, E_0, equivale al intervalo [0,1] (y mide exactamente 1); E_1 es la unión de los intervalos [0,1/3] y [2/3,1] (o sea, su medida es igual a 2/3) y así sucesivamente. En particular, E_7 contiene 128 intervalos de longitud igual a 1/2187, con lo que la medida de E_7 es inferior a 0,058 5.

teoría que generalizara el concepto de número, extendiendo los conceptos comunes de los números naturales.

Un poco de orden

En paralelo a sus estudios sobre la cantidad de elementos de los conjuntos transfinitos, Cantor avanzaba en la definición formal de «número natural» en cuanto que representación de un cierto orden con el objetivo de extender la aritmética a los números transfinitos.

Para Cantor, era importante distinguir los dos significados distintos que puede tener un número:

- La expresión de una cantidad de elementos de un conjunto, esto es, la cardinalidad.
- La expresión de la posición que ocupa un elemento dentro de un conjunto dada una cierta ordenación, o sea, la ordinalidad.

Tal distinción era tan importante para Cantor que decidió definir por separado los cardinales y los ordinales. Así, por ejemplo, el número 0 expresaba la cardinalidad del conjunto vacío y, a su vez, indicaba el primer elemento de los números naturales, el más pequeño. Por descontado, para definir el concepto de «más pequeño» era necesario establecer una forma de ordenar los números, es decir, una función $\leq$ que permitiera decidir si, dados dos números, a y b, $a \leq b$ o $b \leq a$. De este modo, definió los números ordinales, que son el 0, el 1, el 2... y así hasta el primer número infinito, al que llamó ω.

Aunque John Wallis ya había introducido, dos siglos atrás, el símbolo ∞ para referirse al infinito, su uso estaba limitado a la interpretación imperante del concepto de infinito como un ente potencial, como algo que, en realidad, no existía. Cantor eligió el nuevo símbolo ω, para incidir en que no se trataba del infinito en potencia, sino de un ordinal, un número que sí existía en la realidad.

Para dotar al número ω de entidad, debía asociársele un sucesor, esto es, el siguiente número en cuanto al orden. Dicho número siguiente no podía ser otro que $\omega + 1$, al que le seguían $\omega + 2$, $\omega + 3$, ..., $\omega \times 2$, ..., ω^2, ..., ω^ω... En este contexto, el símbolo + indica una yuxtaposición a la derecha; por ejemplo, para saber lo que significa $\omega + 1$, basta con tomar el conjunto de los números positivos, empezando por el 2, y colocar el 1 al final: {2, 3, 4, ..., 1}. Este conjunto es particularmente interesante, porque tiene un elemento maximal bajo esta ordenación: el número 1, es decir, el que está al final de la lista. Es por ello por lo que, ya desde el primer momento, Cantor estableció que, en lo referente a ordinales transfinitos, la operación de suma no es conmutativa (está claro que $\omega + 2 \neq 2 + \omega$, entre otras cosas porque el conjunto de la derecha no tiene elemento maximal).

El conjunto de Cantor

Cantor propuso la construcción de una sucesión de conjuntos, $\{E_i\}_{i \in \mathbb{N}}$, todos dentro del intervalo cerrado [0,1], como sigue: E_0 es el intervalo [0,1] y cada conjunto E_i se construye a partir del anterior, E_{i-1}, conservando de cada segmento de este solamente el tercio inicial y el tercio final. Así,

$$E_1 = \left\{ \left[0, \frac{1}{3}\right] \left[\frac{2}{3}, 1\right] \right\}, E_2 = \left\{ \left[0, \frac{1}{9}\right], \left[\frac{2}{9}, \frac{1}{3}\right] \left[\frac{2}{3}, \frac{7}{9}\right], \left[\frac{8}{9}, 1\right] \right\},$$

etcétera. El conjunto de Cantor se define como la intersección infinita de estos conjuntos:

$$C = \bigcap_{i \in \mathbb{N}} E_i$$

Las propiedades de C son asombrosas:

- $C \neq \varnothing$. En particular, $0 \in C$ y $1 \in C$.
- $1/4 \in C$. En el apéndice se ofrecen dos demostraciones.

Para conjuntos finitos, es decir, con un número finito de elementos, cardinalidad y ordinalidad se pueden confundir, son equivalentes (en general, un conjunto que contenga todos los elementos hasta el i-ésimo tendrá cardinalidad i).

- E_0 tiene longitud 1. Al construir E_i eliminando un tercio de E_{i-1}, la longitud de E_i es igual a $(2/3)_i$, con lo que C tiene longitud 0.

- No obstante, el cardinal de C es no numerable. Para ello, basta con encontrar una relación exhaustiva de C a $[0,1]$; como $C \subset [0,1]$, entonces necesariamente C y $[0,1]$ son equipotentes y, por ser $[0,1]$ no numerable (cosa que veremos con detalle más adelante), C es no numerable:

  Los números eliminados al construir E_i son los que tienen un 1 en la posición i-ésima de su desarrollo en base 3, manteniendo los que tienen un 0 o un 2. Por tanto, C es el conjunto de los números de $[0,1]$ cuyo desarrollo en base 3 no tiene unos. Si a dichos desarrollos les cambiamos los 2 por 1, obtenemos todas las combinaciones posibles de 0 y 1, o sea, todos los desarrollos en base 2 de los números de $[0,1]$.

  Por tanto, dado $x \in [0,1]$, calculamos su desarrollo en base 2, cambiamos los 1 por 2 y utilizamos el resultado como una expresión en base 3 de un número c que, por definición, será del conjunto de Cantor. Ø

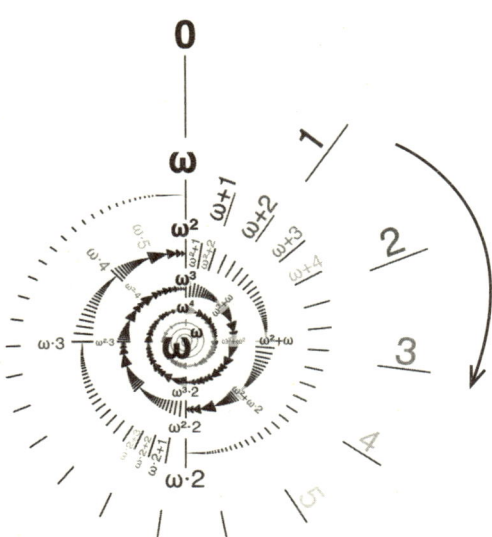

Figura 21. Representación de los ordinales.

No obstante, en cuanto se sobrepasa el infinito, conjuntos con ordinalidad distinta pueden tener igual cardinalidad. Por ejemplo, el conjunto formado por los números impares y, a continuación, los números pares, $\{1, 3, 5, 7, ..., 2, 4, 6, ...\}$, tiene ordinalidad $\omega \times 2$, aunque su cardinalidad es $\aleph_0$. Este conjunto es esencialmente distinto de uno que tenga ordinalidad igual a ω, entre otras cosas porque tiene dos elementos que no disponen de predecesor inmediato (los números 1 y 2).

En este punto, Cantor había definido los números en función de la posición que ocupan bajo un orden dado. Al cambiar de orden, por tanto, cambian los ordinales. Por ejemplo, si consideramos, para cada número natural, su descomposición (única) como potencias de números primos, podemos considerar la siguiente ordenación: el primer número es el 1, siguen los números que son potencia de 2, ordenados de menor a mayor grado, seguidos por los números que son iguales a 3 multiplicados por una potencia de 2, también ordenados de menor a mayor grado, después los que son iguales a 3^2 multiplicados por una potencia de 2, etcétera: $1, 2, 2^2, 2^3, ..., 3, 3 \cdot 2, 3 \cdot 2^2, ..., 3^2, 3^2 \cdot 2, ..., 5, 5 \cdot 2, 5 \cdot 2^2, ...$

La figura 21 muestra, de forma geométrica, la ordenación de los números naturales basada en la descomposición en números primos. El orden consiste en recorrer las líneas del rectángulo, de izquierda a derecha y de abajo arriba. Cuando un rectángulo está completo, se pasa al rectángulo superior y así sucesivamente.

De esta forma, podemos asignar el ordinal 1 al número 1, el ordinal 2 al número 2, el ordinal 3 al número 4 y así para todas las potencias de 2. El primer ordinal transfinito, ω, le corresponderá al número 3, $\omega + 1$ será el ordinal del número 6 y así sucesivamente, tal como se muestra en la figura 22. En particular, el ordinal del número 7 será igual a ω^3 (queda como ejercicio para el lector determinar el ordinal correspondiente a su año de nacimiento; asimismo, el lector puede adivinar el año de mi nacimiento, sabiendo que su ordinal es $\omega^9 + \omega^6 + 2$).

Más allá de la belleza de la construcción anterior, Cantor demostró que incluso los conjuntos con ordinales superiores a ω^n tienen una cardinalidad igual a $\aleph_0$. De hecho, según la ordenación anterior, obtendremos ordinales más allá de ω^ω, que seguirán siendo numerables y, por tanto, de cardinal igual a $\aleph_0$.

Figura 22. Los números naturales, ordenados según su descomposición en números primos, y su ordinal asociado según dicha ordenación.

La teoría de números transfinitos que Cantor estaba desarrollando seguía tomando una forma a medio camino entre la emoción por los nuevos descubrimientos y la desesperación por la oposición de gran parte de la comunidad, capitaneada por **Leopold Kronecker** (1823-1891), quien no dejaba perder la ocasión de afirmar que «Dios creó los números naturales; el resto es obra del hombre». Hay que destacar que Cantor no era el único objetivo de las críticas de Kronecker. Rechazaba también la teoría de Weierstraß acerca de la existencia de funciones continuas que, a pesar de ello, no fuesen derivables en ningún punto. Al igual que con Cantor, la oposición a Weierstraß quedó en evidencia cuando este último definió la función

$$f(x) = \sum_{n=0}^{\infty} a^n \cos(b^n \pi x),$$

siendo $0 < a < 1$ y b un entero impar tal que $ab > 1 + 3/2\pi$, de la que se puede demostrar su continuidad, a pesar de no ser derivable en ningún punto. En cuanto a propiedades que se cumplen siempre mezcladas con propiedades similares que no se cumplen nunca, Kronecker estaba siendo derrotado, a pesar de su lucha feroz.

Cantor definió entonces unos números todavía mayores por recurrencia: los números ε. Sin entrar en detalles, Cantor había definido el producto de ordinales de la forma usual, como la repetición de las sumas (es decir, las yuxtaposiciones de elementos a la derecha). Del mismo modo, y por recurrencia, definió la potencia de ordinales: sea α un número ordinal; las siguientes propiedades definen la potencia α^β:

$$\alpha^0 = 1$$
$$\alpha^\beta = \alpha \times \alpha^{\beta-1}.$$

O, lo que es lo mismo,

$$\alpha^\beta = \operatorname*{Sup}_{\lambda < \beta} \alpha^\lambda.$$

Aunque la demostración queda fuera del presente libro, es posible demostrar que el conjunto formado por potencias de ω, $[1, \omega, \omega^\omega, \omega^{\omega\omega}, ...\}$ tiene un supremo (es decir, la menor de todas las cotas superiores, tal como se ha definido al demostrar el teorema de Bolzano). Cantor definió ε_0 como ese supremo y demostró que, de hecho, es el menor ordinal que cumple la ecuación $x = \omega^x$. Al resto de las soluciones de la ecuación anterior las llamó, sucesivamente, $\varepsilon_1, \varepsilon_2, ...$

Cantor pensó que, más allá de los números ordinales, por muy grandes que fueran, existían los cardinales incontables (como los que describían la cantidad de números que formaban parte del conjunto de Cantor).

Entonces pensó que, del mismo modo que existe el número ω, el más pequeño de los ordinales transfinitos, también debería haber un número que expresara la cantidad más pequeña que no se pudiera contar. Siguiendo el esquema de los ordinales, llamó a este número ω_1 y llamó $\aleph_1$ al cardinal de los conjuntos que contienen hasta el elemento ω_1. Estaba claro, por construcción, que $\aleph_0 < \aleph_1$. Pero ¿cuál era la relación exacta entre ambos? Esta pregunta le desconcertaba en gran medida.

Cantor se tomó un largo paréntesis en sus investigaciones sobre conjuntos de cardinal transfinito. En 1884 escribía a Mittag-Leffler y le comentaba que «de momento, no puedo hacer absolutamente nada más allá de preparar mis clases diarias; sería mucho más feliz si pudiera retomar la actividad científica, recuperar el frescor mental [...]». Y, cuando en 1885 Cantor envió algunos artículos sobre números ordinales para su publicación, el propio Mittag-Leffler le recomendó que no los divulgara por ser quizá demasiado avanzados para su época (¡unos 100 años!). Parecía que su trabajo se iba a terminar allí.

Por suerte para las matemáticas, Cantor no cesó en sus investigaciones e iba resolviendo los problemas internos de tipo religioso a medida que se convencía de la absoluta verdad de su teoría. De hecho, llegó a considerar que la misión que Dios le había encomendado consistía, precisamente, en divulgar los conocimientos que le habían sido transmitidos para prevenir a la Iglesia sobre sus errores en cuanto al infinito. En 1888, confirmando que se encontraba mentalmente preparado para volcarse de nuevo en los conjuntos transfinitos (o sea, conjuntos de cardinal transfinito), Cantor declaró: «No tengo ya ninguna duda de la verdad de los números transfinitos, a los que he descubierto gracias a la ayuda de Dios. Los he estudiado durante más de veinte años y, casi cada día, me llevan a un estudio más profundo de esta ciencia». Desde ese momento, la religión renovó parte de su confianza, alimentando la creencia en la veracidad de sus trabajos. Inspirado y ayudado por Dios, estaba tan seguro de la significatividad de su trabajo que la oposición de la comunidad matemática dejó de parecerle importante. En su interior, de nuevo, Cantor ya estaba listo para proseguir su teoría. Y, para ello, identificó dos puntos que necesitaban que los desarrollaran:

- Cuánto vale exactamente *card*($\mathbb{R}$) en términos de $\aleph_i$.
- La demostración de la hipótesis del continuo. Cantor había postulado que no hay ningún cardinal mayor que $\aleph_0$ y, a su vez, menor que $\aleph_1$, y había llegado el momento de abordar su demostración. En términos de conjuntos, la hipótesis del continuo se puede formular como sigue: si existe un subconjunto infinito de números reales, entonces su cardinal será igual a $\aleph_0$ o bien será igual a $\aleph_1$.

La relación de los cardinales transfinitos

En cuanto al primer punto, en 1891 Cantor presentó en el marco de la primera conferencia de la Sociedad Matemática Alemana, creada un año antes por él mismo, Hilbert y Klein, el de las botellas, su famoso argumento de la diagonalización para demostrar que, dado un conjunto C numerable (o sea, de cardinal $\aleph_0$), el conjunto formado por todos los subconjuntos de C (esto es, el conjunto de las partes de C, denominado $\mathcal{P}(C)$ no es numerable.

El argumento de la diagonalización también se puede utilizar de forma análoga para demostrar que $\mathbb{R}$ es no numerable y queda como ejercicio para el lector su demostración.

Cantor extendió el cálculo del cardinal de $\mathcal{P}(C)$, cuando C tiene cardinal infinito, a partir del cálculo para conjuntos finitos: si C es un conjunto de cardinal 3, por ejemplo (o sea, $C = \{c_1, c_2, c_3\}$), entonces $\mathcal{P}(C)$ tiene cardinal igual a 2^3:

$$\mathcal{P}(C) = \{\varnothing, \{c_1\}, \{c_2\}, \{c_3\}, \{c_1, c_2\}, \{c_1, c_3\}, \{c_2, c_3\}, \{c_1, c_2, c_3\}$$

De la propiedad anterior, Cantor estableció que el cardinal de todos los subconjuntos que se pueden formar con los números naturales, $\mathcal{P}(\mathbb{N})$, era precisamente $2^{\aleph_0}$. Pero no era solo una forma de hablar sino que demostró que, efectivamente, $\mathcal{P}(\mathbb{N}) = 2^{\aleph_0}$: dado un elemento $p \in \mathcal{P}(\mathbb{N})$ (esto es, un conjunto de números naturales), le asignamos el elemento $\chi(p) \in [0,1]$ definido como sigue:

$$\chi(p) = 0, x_1 x_2 x_3 \ldots \in [0,1] \mid x_i = \begin{cases} 1 \text{ si } i \in p \\ 0 \text{ si } i \notin p \end{cases}$$

Es decir, $\chi(p)$ será un número entre 0 y 1 cuya i-ésima cifra decimal será un 1 si $i \in P$ y 0 en caso contrario. Por ejemplo, $\chi(\{1,2,7\}) = 0{,}1100001$, $\chi(\{4\}) = 0{,}0001$, etcétera.

Tomemos ahora el conjunto $A = \{a = 0{,}a_1 a_2 a_3 \ldots \in [0,1] \mid a_i \in \{0,1\}\}$, que tiene un cardinal igual a $2^{\aleph_0}$ (cada dígito decimal tiene dos posibles valores, 0 o 1, y cada número tiene tantos dígitos decimales como números naturales, o sea, que su cardinal será 2 elevado al número de números naturales). Como la relación χ que hemos definido es una relación biyectiva entre $\mathcal{P}(\mathbb{N})$ y el conjunto A, ambos conjuntos tienen la misma potencia, es decir, el cardinal de $\mathcal{P}(\mathbb{N})$ es $2^{\aleph_0}$.

La construcción anterior nos ayuda a confirmar, también, que el cardinal del segmento $[0,1]$ es también $2^{\aleph_0}$. En efecto, como el conjunto $A \subseteq [0,1]$, el cardinal de $[0,1]$ será mayor o igual que $2^{\aleph_0}$. Por otro lado, dado un número $c \in [0,1]$, tomemos su expresión en base 2 (en el apéndice 4.2 se detallan los procedimientos para realizar cambios de base para números no enteros):

$$\hat{c} = 0{,}a_1 a_2 a_3 \ldots a_i \ldots \in \{0,1\}, \quad c = \sum_{i=1}^{\infty} \frac{a_i}{2^i}.$$

Está claro que $\hat{c} \in A \ \forall c \in [0,1]$, con lo cual la aplicación $f : A \to [0,1]$ definida como $f(0.a_1 a_2 a_3 \ldots) = \sum_{i=1}^{\infty} \frac{a_i}{2^i}$ es una aplicación sobreyectiva (todo elemento $c \in [0,1]$ tiene una antiimagen por f, que es precisamente $\hat{c}$). Por tanto, el cardinal de $[0,1]$ será menor o igual que $2^{\aleph_0}$, es decir, ambos cardinales serán iguales.

El argumento de la diagonalización

Se puede demostrar C numerable $\rightarrow \mathcal{P}(C)$ no numerable por reducción al absurdo: supongamos que C numerable $\rightarrow \mathcal{P}(C)$ numerable:

$$C = \{c_1, c_2, \ldots, c_n \ldots\} \rightarrow \mathcal{P}(C) = \{p_1, p_2 \ldots, p_n \ldots \mid p_i \subseteq C \cup \{\varnothing\}\},$$
$$\forall P \in \mathcal{P}(C) \; \exists \; i \in \mathbb{N} \mid P = p_i.$$

Como $p_i \subseteq C \cup \{\varnothing\}$, $\forall i \in \mathbb{N}$, cada p_i contendrá algunos elementos de C (o ninguno, si $p_1 = \varnothing$). Definamos para cada p_i, los valores

$$\delta_j^i = \begin{cases} 1, \text{ si } c_j \in C \\ 0, \text{ si } c_j \notin C \end{cases}$$

que nos permiten expresar cada elemento de $\mathcal{P}(C)$ en función de δ_j^i:

$$p_i \equiv \{\delta_1^i, \delta_2^i, \ldots, \delta_n^i, \ldots$$

Definamos los valores $\alpha_i = 1 - \delta_i^i$, y construyamos el conjunto P, que contendrá el elemento $c_i \in C$ si $\alpha_1 = 1$, y que no lo contendrá en caso contrario. Observamos lo siguiente:

¡Cantor acababa de demostrar que $2^{\aleph_0} = card([0,1]) = = card(\mathbb{R})$! En ese momento recapituló el trabajo realizado: había logrado, finalmente, *contar* los números reales, es decir, establecer su cardinalidad. De las dos cuestiones que se había planteado, la primera ya estaba resuelta:

1. Si representamos todos los conjuntos p_i (descritos según δ_j^i) uno debajo del otro, veremos una tabla infinita de ceros y unos, y los α_1 se corresponden con los opuestos de los elementos de la diagonal. De ahí viene el nombre de «argumento de diagonalización».

2. $P \subseteq C$, porque está construido a partir de elementos del propio C. Por tanto, $P \in \mathcal{P}(C)$

3. P es distinto de cualquier p_i: si el elemento c_i está en p_i, entonces $\delta_j^i = 1$ con lo cual $\alpha_i = 1$ y, por tanto, P no contiene el elemento c_i. Del mismo modo, si c_i no está dentro de p_i, entonces sí que forma parte del conjunto P, con lo cual $P \neq p_i, \forall i \in \mathbb{N}$.

El punto anterior es absurdo, porque hemos supuesto precisamente que todo elemento $P \in \mathcal{P}(C)$ coincide con algún p_i. O sea, $\mathcal{P}(C)$ es incontable. $\emptyset$

había sido capaz de expresar la cardinalidad de $\mathbb{R}$ en función de algún $\aleph_i$. Si lograba demostrar que, además, $2^{\aleph_0} = \aleph_1$, estaría en condiciones de afirmar que la segunda cuestión, la hipótesis del continuo, era cierta.

La hipótesis del continuo

Cantor se puso de inmediato a demostrar la hipótesis del continuo (a la que en adelante y para abreviar, llamaremos HC), es decir, la hipótesis de que no existe ningún conjunto transfinito con cardinalidad superior a $\aleph_0$ e inferior a $\aleph_i$ (o, lo que es lo mismo, que $2^{\aleph_0} = \aleph_1$). Estuvo trabajando en su demostración durante el resto de sus días, desarrollando a su vez las bases de la teoría de conjuntos (publicada entre 1895 y 1897), que incluía las definiciones formales de conjunto ordenado, totalmente ordenado y bien ordenado, y revisando la aritmética de los números cardinales y ordinales. Cantor vio que debía construir todo un cuerpo teórico si quería ir más allá de realizar meras demostraciones relativas a potencias de conjuntos conocidos.

Y empezó por lo más sencillo. Estableció la definición básica de conjunto, que fundamentaría sus desarrollos teóricos posteriores: «Llamaremos conjunto a la agrupación en un todo de objetos diferenciados de nuestra percepción o de nuestro pensamiento».

De la definición anterior podemos extraer que, dada una propiedad P, podemos formar el conjunto de los elementos x que cumplen P, $X = \{x \mid P(x)\}$. Y viceversa: dado un conjunto X, podemos establecer la propiedad asociada $P(x) \equiv x \in X$. La relación entre propiedades y conjuntos es clara, y Cantor trabajó a partir de ahí en la demostración de HC.

Pero la hipótesis del continuo se le resistía. Y quizá esta impotencia fuera la causa de las depresiones que le achacaban durante periodos cada vez más largos. Además, matemáticos de la talla de Bertrand Russell (1872-1970) estaban rebatiendo el trabajo de Cantor mediante paradojas que surgían desde la propia definición de conjunto. En particular, Russell sostenía lo siguiente: si llamamos «ordinarios» a los conjuntos que no se contienen a sí mismos (o sea, $X \notin X$) y «extraordinarios» a los que sí ($X \in X$), llegaremos a un absurdo. En efecto, definamos la propiedad «ser un conjunto ordinario» que, según la definición de Cantor, crearía el conjunto $C = \{X \mid X$ es ordinario$\}$. Ahora bien, al ser C un conjunto, o bien será ordinario, o bien será extraordinario.

- Si C es ordinario, entonces cumple la condición de ser ordinario y por tanto $C \in C$, o sea, C será extraordinario, lo cual es absurdo.
- Si C es extraordinario, por tanto, $C \in C$, por lo que cumplirá la propiedad de pertenencia a C, que no es otra que «ser ordinario», lo cual es también absurdo.

Frente al reto filosófico planteado por Russell, Cantor se dijo que quizá era ya el momento de que otros recogieran el testigo y llevaran la teoría de conjuntos al siguiente nivel.

Establecer la base teórica: los axiomas Z, ZF y ZFC

En el año 1900, a las puertas del nuevo siglo, Ernst Zermelo (1871-1953) estaba disfrutando de un merecido descanso intelectual después de finalizar dos tesis doctorales, en Berlín (1894) y en Göttingen (1899), los centros del universo matemático en aquella época. Pero su mente inquieta estaba ávida de nuevas investigaciones y la lista de «los 23 problemas del siglo XX» atrajo enseguida su atención. Para celebrar el advenimiento de la nueva centuria, el matemático David Hilbert (1862-1943) había recogido 23 problemas, todavía por resolver en 1900, en el marco del Congreso Internacional de Matemáticos de París. Hilbert lanzó un reto para la comunidad matemática: resolver los 23 problemas durante el siglo XX.

Zermelo empezó la lista por el primer problema, que captó su atención matemática de inmediato. Se trataba de demostrar que HC era cierta o, en caso contrario, demostrar que existía un conjunto transfinito cuyo cardinal fuera mayor que $\aleph_0$ y, a su vez, fuera menor que $\aleph_1$.

El matemático encaminó enseguida su investigación hacia ese objetivo y decidió abordar el problema desde la raíz: iba a establecer un conjunto de reglas (axiomas) que definieran los conjuntos, a partir del cual se pudiera desarrollar toda la teoría de conjuntos, ya fueran estos finitos o transfinitos, contables o incontables. Quería establecer unas reglas, unas definiciones comunes, es decir, unos axiomas, que sirvieran para tratar con conjuntos de cualquier dimensión.

Y, frente a la inmensidad del trabajo que tenía por delante, Zermelo se preguntó: ¿para qué me va a servir? Quizá la respuesta fuera similar a la que daría un alpinista si se le preguntara para qué quiere subir una montaña: «para disfrutar durante el camino y gozar con la sensación de haberlo logrado». Y, de paso, si eres el primero en conseguirlo, el reconocimiento histórico está asegurado. Además, el pilar de la geometría era nada más y nada menos que los *Elementos* de Euclides (323 a. C. - 285 a. C.), un sistema de axiomas que definían la geometría... ¡desde hacía 2000 años! Pasar a la historia como «el Euclides de los conjuntos» era un trofeo por el que valía la pena luchar.

Confiando, pues, en sus capacidades matemáticas y tratando de evitar a toda costa caer en los mismos errores que Cantor, empezó la construcción del camino que debía de llevarle hacia la demostración de la hipótesis del continuo y la cima de la historia matemática.

Solo sé que no sé nada

El primer paso consistía en definir el concepto de conjunto: qué es un conjunto, cómo son sus elementos, etcétera. Y, para evitar caer en las contradicciones que Russell había señalado hacia la definición de Cantor, decidió seguir el camino filosófico marcado por Sócrates y empezó por lo más sencillo: «Solo sé que no sé nada».

O, en términos de conjuntos, si lo primero que tengo al alcance de mi conocimiento es «nada», ya tengo algo:

HC y los otros 22 problemas de Hilbert

Además de HC, Hilbert enunció otros 22 problemas de los cuales quedan todavía tres que están sin resolver:

1. Demostrar la hipótesis de Riemann: los ceros no triviales de la función zeta de Riemann

$$\zeta(c) = \sum_{i=1}^{\infty} \frac{1}{i^c}, \, c \in \mathbb{C}$$

tienen parte real igual a 1/2.

2. Ampliar el teorema de Kronecker-Weber sobre extensiones conmutativas de los números racionales a cualquier grupo numérico con estructura de cuerpo.

3. Describir la posición relativa de las ramificaciones de las curvas algebraicas de orden *n*, así como los ciclos límite de los campos vectoriales polinómicos del plano.

«La nada es un elemento. Los conjuntos se construyen a partir de elementos y de conjuntos de elementos».

Cabe destacar la potencia extraordinaria de este inicio: partiendo de la nada, se obtiene un conjunto vacío $c_0 = \varnothing$ (que no tiene elementos). Pero al disponer ya de un conjunto, podemos construir un nuevo conjunto $c_1 = \{\varnothing, \{\varnothing\}\}$, el conjunto $c_2 = \{\varnothing, \{\varnothing\}, \{\varnothing, \{\varnothing\}\}\}$, etcétera. Podemos

El primer problema, HC, sigue siendo una incógnita. Es posible generar una teoría de conjuntos donde HC sea cierta (Gödel lo demostró en 1940 gracias al trabajo de Zermelo), aunque también es posible generar una teoría de conjuntos donde HC sea falsa (Cohen lo demostró en 1963 gracias también al trabajo de Zermelo). Para dar una respuesta definitiva sobre HC, por tanto, habrá que desarrollar un conjunto axiomático nuevo.

El matemático de Berkeley Hugh Woodin (n. 1955) se debate actualmente entre el desarrollo de una teoría completa de conjuntos que permita dar una respuesta definitiva a HC u olvidarse definitivamente de crear una teoría axiomática de conjuntos por considerar que, al fin y al cabo, el infinito no es más que *human imagination gone wild*.

¡Tal es la encrucijada a la que se llega cuando alguien se sumerge en el mundo de los infinitos! ∅

construir, por tanto, todo un universo de conjuntos, al que vamos a llamar $\mathcal{U}$, partiendo de la nada y de la adición de nada. Para «aterrizar» los conceptos de conjuntos vacíos y de conjuntos formados por conjuntos vacíos, podemos imaginarnos los conjuntos como cajas, y el conjunto vacío como una caja que no tiene nada dentro; de esta forma, c_0 es una caja vacía; c_1 es un conjunto que tiene dos cajas:

El infinito

la primera está vacía y la segunda contiene una caja vacía; c_2 es un conjunto con tres cajas: la primera está vacía, la segunda contiene una caja vacía y la tercera contiene dos cajas, una de las cuales está vacía y la otra será una caja que contendrá una caja vacía.

El siguiente punto consistió en formalizar la noción de pertenencia que define un conjunto. Zermelo partió de un conjunto reducido de símbolos, bien conocidos y utilizados comúnmente en la lógica de predicados o lógica de primer orden: |, ∧, ¬ («tal que», «y» y «no», respectivamente) junto con el cuantificador ∃ («existe»). Asimismo, y dados dos elementos, x e y (o sea, dos conjuntos), se establecen las dos fórmulas básicas de relación: $x \in y$ y $x = y$. A partir de las dos fórmulas básicas se construyen todas las demás fórmulas realizando un número finito de pasos de entre los siguientes:

- Las fórmulas básicas son fórmulas.
- Si φ es una fórmula, $\neg\varphi$ también lo es.
- Si φ y ψ son fórmulas, $(\varphi \wedge \psi)$ también lo es.
- Si φ es una fórmula y x un conjunto, $\exists x \mid \varphi$ también lo es.

Aunque no forman parte de los símbolos básicos, se pueden crear nuevos símbolos a partir de fórmulas creadas mediante los pasos anteriores. Por ejemplo, utilizamos el símbolo $\forall x\varphi$ («para todo elemento se cumple la fórmula φ») con el fin de simplificar la notación de la fórmula $\neg\,\exists x \mid \neg\varphi$, y la expresión $\varphi \vee \psi$ («se cumple

— 136 —

φ o se cumple ψ») para simplificar la expresión $\neg(\neg\varphi \wedge \neg\psi)$.

Después de definir los símbolos (básicos y otros, como $\rightarrow, !, \subseteq$, etcétera) y las fórmulas, Zermelo tuvo cuidado en no caer en la tentación de definir un conjunto siguiendo los pasos de Cantor, es decir, del estilo «un conjunto es la agrupación de los elementos que cumplan una cierta fórmula», ya que Russell le hubiera mostrado la misma paradoja que le mostró a Cantor. En su lugar, definió el concepto de «clase»: dada una fórmula φ, definimos su clase, C_φ, como el conjunto de elementos del universo $\mathcal{U}$ para los cuales φ es verdadera: $C_\varphi = \{x \in \mathcal{U} \mid \varphi(x)\}$. Y, para evitar caer en la misma trampa que Cantor, dejó claro que las clases no son necesariamente conjuntos. ¡Zermelo 1-Russell 0!

Los axiomas Z

Los axiomas que Zermelo postuló en 1908, una vez sentadas las bases anteriores, responden a la necesidad de generalizar, en el lenguaje matemático de la lógica de primer orden, lo que nos parece evidente para conjuntos finitos (por ejemplo: «si dos conjuntos tienen los mismos elementos, entonces son iguales». Evidentemente). Asimismo, responden a la voluntad de ser eficientes al máximo, es decir, se ha de utilizar el menor número de axiomas posible.

Ernst Zermelo, hacia 1900.

Aunque vamos a proporcionar la notación matemática de los axiomas que postuló Zermelo junto con otras definiciones que se derivan de ellos, su interpretación podría ser costosa, especialmente cuando no se tiene soltura en el uso del lenguaje lógico-matemático. Para facilitar la comprensión, por tanto, al principio de cada axioma se describe de forma accesible el significado de cada uno:

Axioma del vacío
Existe un conjunto, llamado $\varnothing$, sin elementos:
$\exists \varnothing \mid \forall y \neg (y \in \varnothing)$. Además, $\forall x \varnothing \subseteq x$.

Axioma de extensión
Si dos conjuntos tienen exactamente los mismos elementos, entonces son iguales:

$$\forall x \, \forall y \, (x \subseteq y \wedge y \subseteq x) \rightarrow x = y.$$

Axiomas de especificación
Los elementos de un conjunto x que cumplen una fórmula φ forman a su vez un conjunto:

$$\forall x \, \exists y (\forall t \, (t \in x \wedge \varphi(t)) \rightarrow t \in y).$$

Estos axiomas son, en efecto, de una especificación de la definición de Cantor a partir de propiedades, ya que lo que establecen es que los conjuntos basados en fórmulas son elementos de conjuntos ya existentes, y no cualquier agrupación de elementos. Así, por ejemplo, el universo $\mathbb{U}$ no es un conjunto.

Se puede comprobar cómo, a partir de los axiomas anteriores, es posible definir el conjunto intersección de un conjunto x, $\cap\, x$, sin necesidad de un nuevo axioma. En la línea del trabajo de Zermelo, por tanto, nos ahorramos un axioma. Tampoco necesitamos ningún axioma adicional para definir el conjunto diferencia de dos conjuntos, $x \setminus y = \{z \in x \mid z \notin y\}$. Es por eso por lo que a los axiomas de especificación se los llama también «axiomas de separación».

Axioma del par
Dados dos conjuntos, x e y, podemos formar un tercer conjunto z, que será la unión de x e y:

$$\forall x \; \forall y \; \exists z \; (\forall u \, (u = x \vee u = y) \rightarrow u \in z.$$

A este conjunto z se le suele llamar «par» y se escribe como $\{x, y\}$.

En este punto podemos definir ya una primera noción de relación funcional. Sea $\varphi(x, y)$ una fórmula con dos variables libres. Si existe una clase C tal que para todos los conjuntos $x \in C$, existe un único conjunto y que hace verdadera la fórmula φ, es decir, $\forall x \big(C(x) \rightarrow \exists! \, y \mid \varphi(x, y) \big)$, diremos entonces que φ es una fórmula funcional en C y podremos escribir $y = F_\varphi(x)$ para denotar que y es el único conjunto que satisface la fórmula φ para $x \in C$. En tal caso, F_φ es una relación funcional sobre C. Nótese que la definición de relación funcional se puede extender a más variables; en particular, el conjunto z definido por el axioma del par se puede entender como la relación funcional que asigna, a dos conjuntos cualesquiera x e y, el conjunto $z = \{x, y\}$, esto es, $z = F_{par}(x, y)$ (en este caso, la fórmula *par* no es más que par$(x, y) = \{x, y\}$).

Axioma de unión
La unión de conjuntos es un conjunto:

$$\forall x! \exists u \left(\forall t \left(\exists y \, (t \in y \wedge y \in x) \right) \rightarrow t \in u \right)$$

Dado un conjunto x podemos encontrar el conjunto u (al que llamaremos la «unión de x»), que estará formado por todos los elementos t que sean a su vez parte de algún elemento de x. En general utilizaremos la expresión $\cup x$ para referirnos a este tipo de conjunto.

Axioma del conjunto potencia (o del conjunto de partes)
Para cada conjunto x podemos encontrar un conjunto que está formado por todos los subconjuntos de x:

$$\forall x \, \exists p \left(\forall y \, (y \subseteq x \rightarrow y \in p) \right).$$

Como este conjunto p existe por aplicación del axioma, podemos definir $\mathcal{P}(x) = \{y \in p \,|\, y \subseteq x\}$. Así, por ejemplo, $\mathcal{P}(\varnothing) = \{\varnothing\}$, $\mathcal{P}\left(\mathcal{P}(\varnothing)\right) = \{\varnothing, \{\varnothing\}\}$, $\mathcal{P}\left(\mathcal{P}\left(\mathcal{P}(\varnothing)\right)\right) = \left\{\varnothing, \{\varnothing\}, \{\{\varnothing\}\}, \{\varnothing, \{\varnothing\}\}\right\}$ y así sucesivamente.

Llegados a este punto, Zermelo pudo definir mediante los axiomas anteriores los siguientes conceptos:

- Par ordenado $\{x, y\}$ (o sea, el conjunto $\left\{x, \{x, y\}\right\}$); de hecho, esta definición la enunció con posterioridad el matemático polaco Kazimierz Kuratowski (1896-1980) y es más sencilla e intuitiva al reflejar la importancia del orden y dejar claro que $\langle x,y \rangle \neq \langle y,x \rangle$ y que $\langle x,y \rangle = \langle z,t \rangle \leftrightarrow (x=z) \wedge (y=t)$

- Producto cartesiano $x \times y$ (o sea, el conjunto $\left\{ \langle z,t \rangle \in \mathcal{P}\big(\mathcal{P}(x \cup y)\big) \,\middle|\, (z \in x) \wedge (t \in y) \right\}$.

- Relación entre x e y (es decir, cualquier subconjunto del producto cartesiano $x \times y$)

- Función, o sea, una relación f en la que, fijado x, el conjunto y es único: $\forall x \forall y \forall z \big((\langle x,y \rangle \in f \wedge \langle x,z \rangle \in f) \to y=z\big)$; es importante notar que las funciones son subconjuntos del producto cartesiano y, por tanto, son también conjuntos.

En adelante, cuando convenga, utilizaremos la notación usual $f: x \to y$ para denotar $f \subseteq x \times y$, que a su vez podría generar confusión con otras relaciones que no son funciones. Por ejemplo, el conjunto siguiente tiene dos elementos distintos $(x,y)\,(x,t)$ y es una relación, pero no es una función (a no ser que $y=t$). Bajo esta notación, el siguiente paso de Zermelo consistió en utilizar sus axiomas para formalizar las definiciones asociadas con funciones:

- El **dominio** de una función $f: x \to y$, dom (f), es el conjunto $\left\{ t \in x \mid \exists u \in y, f(t)=u \right\}$.

- La **imagen** de una función $f: x \to y$, dom (f) es el conjunto $\left\{ u \in y \mid \exists t \in x, f(t)=u \right\}$.

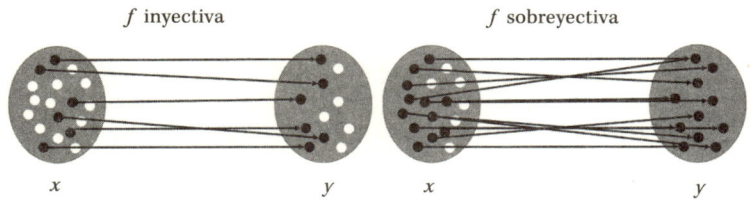

f inyectiva   *f* sobreyectiva

x y x y

Figura 23. Representación de funciones en diagramas de Venn (1834-1923). Los puntos oscuros de x forman dom (f) y los puntos oscuros de y forman img_x (f). f será inyectiva si los puntos de img (f) reciben una sola flecha y sobreyectiva si todos los elementos de y son oscuros.

- Una función $f: x \to y$ es **inyectiva** si
  $\forall t \in x \ \forall u \in x, \big(f(t) = f(u)\big) \to t = u.$
- Una función $f: x \to y$ es **sobreyectiva** si img $(f) = y$.
- Una función $f: x \to y$ es **biyectiva** si es a la vez inyectiva y sobreyectiva.

A partir de las definiciones anteriores, Zermelo pudo formalizar la demostración del teorema que Cantor ya había demostrado en su día, lo que se conoce actualmente como el «teorema de Cantor-Bernstein-Schröder»:

Dados dos conjuntos, x e y, si existe una función $f: x \to y$ inyectiva y a su vez existe una función $g: y \to x$ también inyectiva, entonces existe una función $h: x \to y$ biyectiva. Es decir, ya no es necesario encontrar explícitamente una función biyectiva entre dos conjuntos para asegurar que tienen la misma cardinalidad, sino que bastará con encontrar funciones inyectivas del primero al segundo y del segundo al primero.

Las demostraciones de este teorema suelen ser de tipo constructivo, es decir, se demuestra que algo existe

construyéndolo y comprobando que es lo que esperába-
mos; en este caso, una función biyectiva. En el apéndice
se expone una demostración de tipo constructivo que
utiliza el lema de Bronisław Knaster (1893-1980) y Alfred
Tarski (1901-1983), de 1928.

Zermelo estaba a un paso de completar su sistema
axiomático. Tan solo le quedaba dar un paso más, que
consistía en generalizar su teoría para los conjuntos infinitos, es decir, postular que estos existían. Hasta ahora,
el axioma del conjunto potencia tan solo garantizaba la
existencia de conjuntos «tan grandes como se quiera»,
en línea con la noción de infinito potencial. Pero Zermelo quería demostrar la hipótesis del continuo, con lo
cual necesitaba que los conjuntos infinitos existieran
realmente.

A partir del axioma del conjunto potencia, Zermelo
definió el sucesor de un conjunto x, x', como $x' = x \cup \{x\}$.
Asimismo, definió el concepto de conjunto inductivo: un
conjunto x es inductivo (y lo escribiremos Ind(x)) si contiene el conjunto vacío y además contiene el sucesor de
todos sus elementos: $\varnothing \in x \wedge \left(\forall t (t \in x \rightarrow t' \in x) \right)$.

Para garantizar que, en efecto, existen conjuntos inductivos, Zermelo postuló su último axioma:

Axioma del infinito

Existe al menos un conjunto de tamaño infinito:

$$\exists x (x \neq \varnothing \wedge \forall t (t \in x \rightarrow (t \cup \{t\}) \in x)$$

En términos de conjuntos inductivos, el axioma del
infinito se puede reescribir como $\exists x \,|\, \text{Ind}\,(x)$.

Los axiomas de Peano

El matemático italiano Giuseppe Peano (1858-1932) era un enamorado de la sistematización de las lenguas y dedicó la mayor parte de sus investigaciones a la generación de lenguajes sencillos y comúnmente aceptados, no solo en el campo de las matemáticas, sino en la comunicación habitual. En este sentido, es destacable la creación de una variante del latín, el *latino sine flexione* o «latín sin flexiones» (LSF), que era una versión simplificada de esta lengua. En 1903 publicó la gramática de este lenguaje en un texto que empezaba en latín e iba adoptando las simplificaciones que Peano proponía hasta terminar el texto en LSF como ejemplo de la aplicación práctica de este nuevo idioma.

En 1889, antes de generar formalmente el LSF y en medio de la creación de una enciclopedia de matemáticas que incluyera, en un lenguaje sencillo desarrollado por él mismo, todos los teoremas demostrados hasta ese momento, Peano desarrolló una definición de los números naturales a partir de 9 axiomas:

- **Axioma de existencia.** El conjunto de los números naturales tiene como mínimo un elemento. Aunque el número que eligió Peano fue el 1, el sistema axiomático funciona igualmente si se escoge el 0, como hizo Zermelo.

- **Axioma de igualdad (I).** Todo número natural es igual a sí mismo.

- **Axioma de igualdad (II).** Dados dos números naturales, a y b, se cumple que $a = b \leftrightarrow b = a$.

- **Axioma de igualdad (III).** Dados tres números naturales, a, b, c, se tiene $(a = b \wedge b = c) \rightarrow a = c$.

- **Axioma de igualdad (IV).** Si $a = b$ y b es un número natural, entonces a es un número natural.

- **Axioma del sucesor (I).** Existe una función de sucesor S de manera que si a es natural, entonces $S(a)$ también lo es.

- **Axioma del sucesor (II).** Dados dos números naturales, a y b, se cumple que $a = b \leftrightarrow S(a) = S(b)$.

- **Axioma del elemento minimal.** No existe ningún número natural a tal que $S(a) = 1$ (o 0, en función del elemento utilizado en el axioma de existencia).

- **Axioma del infinito.** Si un conjunto K contiene el elemento minimal y todos sus sucesores de sus propios elementos, entonces contiene a todos los números naturales:

$$\left(1 \in K \wedge \forall x (x \in K \rightarrow S(x) \in K) \right) \rightarrow \forall a \text{ natural } (a \in K).$$

Zermelo comprobó que la definición de números naturales que emanaba de su lista de siete axiomas cumplía a su vez los axiomas de Peano. Queda como ejercicio para el lector su comprobación. ∅

Como el axioma del infinito presupone que existe el conjunto vacío, el sistema axiomático Z se presenta a veces sin el axioma del conjunto vacío por considerarse incluido dentro del axioma del infinito.

El axioma del infinito permitió a Zermelo, esta vez sí, definir los números naturales (junto con el infinito): tomemos un conjunto inductivo x (que sabemos que existe gracias al axioma del infinito) y tomemos ahora el conjunto $\mathcal{I}(x) = \{t \in \mathcal{P}(x) | \mathrm{Ind}(t)\}$. Está claro que $\mathcal{I}(x) \neq \varnothing$, puesto que $x \in \mathcal{I}(x)$. Entonces podemos tomar $\omega = \cap \mathcal{I}(x)$ que, por construcción, será inductivo. Además, resulta que todo conjunto inductivo contendrá a ω. En efecto, sea b un conjunto inductivo y tomemos $x \cap b$ que, por definición, es un elemento de $\mathcal{I}(x)$; al ser ω la intersección, está claro que $\omega \subseteq x \cap b \subseteq b$. O sea, dado un conjunto inductivo b cualquiera, contendrá al conjunto ω.

Zermelo definió el conjunto minimal ω como el de los números naturales y utilizó precisamente la letra ω en consistencia con la notación de los números ordinales de Cantor. Llamaremos 0 al conjunto vacío, $\varnothing$, el número 1 será su sucesor, $1 = \varnothing' = \{\varnothing, \{\varnothing\}\}$, y así sucesivamente: $2 = 1' = \{\varnothing, \{\varnothing\}\}' = \{\varnothing, \{\varnothing\}, \{\varnothing, \{\varnothing\}\}\}$. Por definición, además, vemos que el conjunto 0 está dentro del conjunto 1, que a su vez el conjunto 1 está dentro del conjunto 2 y así sucesivamente, lo cual permite definir una relación de orden total, $\leq$, como sigue: dados dos números naturales cualesquiera m y n (o sea, dados dos elementos m y n del conjunto ω), diremos que $m \leq n$ si $m \subseteq n$. Además, la relación de orden así definida será un orden total, es decir, dados dos números m y n, con $m \neq n$, siempre será cierto $(m \leq n \vee n \leq m)$.

Mediante su sistema axiomático, Zermelo definió el concepto de ordinal. Diremos que un conjunto x es ordinal, Ord(x), si cumple dos condiciones:

1. x es transitivo, Trans(x), es decir,
$$\forall t \forall y \left(\left((t \in y) \wedge (y \in x) \right) \rightarrow (t \in x) \right).$$
2. La relación de pertenencia $\in$ es un buen orden estricto, es decir,
   a. $\forall t (t \in x \rightarrow t \notin t)$;
   b. $\forall t \forall y \forall z \left((t \in x \wedge y \in x \wedge z \in x \wedge t \in y \wedge y \in z) \rightarrow t \in z \right)$;
   c. todo subconjunto no vacío $u \subseteq x$ contiene un elemento minimal z que cumple $\forall t \in u (t \neq z \rightarrow z \in t)$.

Zermelo demostró que los números naturales son ordinales y que ω es también un ordinal. Demostró también que mediante su sistema axiomático se verificaban los axiomas del sistema descrito por Peano unos años antes (véase el recuadro de las pp. 144 y 145), con lo cual el nuevo sistema, más reducido, reemplazaba a aquel. Asimismo, y a la vista de la definición anterior, intentó demostrar que todo conjunto puede ser bien ordenado (es decir, que existe una relación de orden total y que todo subconjunto tiene un elemento minimal). Zermelo lo llamó el teorema del buen orden y para demostrarlo se dio cuenta de que necesitaba un axioma más, que ya había generado mucha controversia cuando lo enunció en 1904

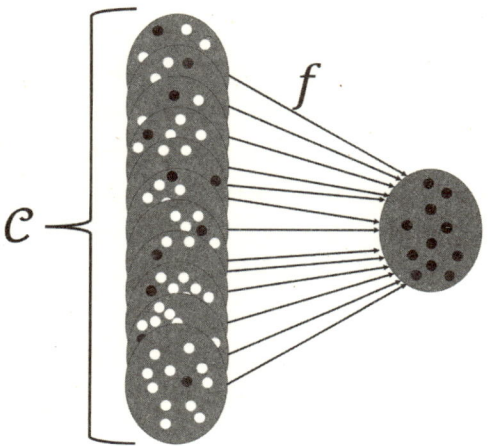

Figura 24. El axioma de elección: dados unos conjuntos, existe una función que elige un elemento (en tonos de gris) de cada uno.

y precisamente por eso decidió no incluirlo en su lista de axiomas: el axioma de elección.

Axioma de elección

Siempre hay alguna forma de elegir un solo elemento de una colección de conjuntos y formar un conjunto con los elementos elegidos. Es decir, para cualquier agrupación C de conjuntos no vacíos, existe una función f tal que, para cada conjunto $x \in C$, se tiene $f(x) \in x$. La función f es la llamada función de elección, porque permite seleccionar exactamente un elemento de cada uno de los conjuntos x, independientemente de que la cantidad de conjuntos de C sea finita o infinita. En notación de teoría de conjuntos, el axioma de elección sería

$$\forall C \forall x \left(\left((x \in C) \wedge (\emptyset \notin C) \right) \rightarrow \exists x : C \rightarrow \cup C \, | \, f(x) \in x \right)$$

La versión «finita» del axioma de elección es trivial: si tenemos una agrupación finita de conjuntos no vacíos, basta con ir recorriendo cada conjunto de uno en uno y seleccionando un elemento de cada uno. No obstante, el paso al infinito no es en absoluto directo y, además, el axioma no dice cómo hacerlo, es decir, cómo generar la función de elección (en el resto de los axiomas el nivel de especificación es mucho mayor).

Asimismo, el axioma de elección en su versión «infinita» puede llevar a controversias, como por ejemplo la paradoja de Tarski-Banach de 1925: considerando cierto el axioma de elección, una esfera sólida (por ejemplo, de oro) se podría dividir en un número finito de trozos que se podrían mover hasta formar dos esferas sólidas idénticas a la inicial, ¡lo que duplicaría la cantidad de oro!

Zermelo ya tenía otras paradojas en las que pensar y seguramente por eso dejó a un lado el axioma de elección (y el teorema del buen orden, conocido actualmente como teorema de Zermelo). Hay que recordar que Zermelo todavía no había resuelto el primer problema del siglo propuesto por Hilbert. Y, aunque estaba a un paso, no logró demostrar que la clase de todos los ordinales fuera efectivamente un conjunto, ni después de completar su lista de axiomas.

Unos años antes, en 1895, el matemático Cesare Burali-Forti (1861-1931), asistente de Peano, ya había demostrado que la unión de todos los ordinales transfinitos no es un conjunto (porque, si lo fuera, a este conjunto le podríamos asignar un nuevo ordinal o que sería mayor que todos los ordinales, con lo cual sería mayor que él mismo, es decir, $o < o$). Es lo que se conoce como la «paradoja de Burali-Forti» y demostraba que, a pesar de sus esfuerzos, Zermelo no había logrado escapar de una trampa similar a la que utilizó Russell para poner en evidencia las tesis de Cantor, a pesar de haber desarrollado por el camino toda una teoría axiomática de conjuntos.

Si Russell fue la pesadilla de Cantor que Zermelo pudo vencer, Burali-Forti seguía invicto. Tanto Cantor, el *padre* de la teoría moderna de conjuntos, como Zermelo, el *axiomatizador*, habían dado un gran empujón en lo que se refiere a la sistematización de la teoría de conjuntos y ambos habían logrado resultados espectaculares partiendo de la visión común de que el infinito, de hecho, existe realmente (y hay más de uno). Pero todavía estaban atrapados en las paradojas derivadas de la definición de conjuntos infinitos. Algo faltaba en la lista de axiomas, y Zermelo no sabía qué.

Como ya había sucedido con anterioridad, era el momento de que otro matemático recogiera el testigo en el punto en que se encontraba Zermelo.

Los axiomas ZF y ZFC

El matemático alemán Abraham Halevi Fraenkel (1891-1965) había estudiado matemáticas en las universidades de Múnich, Berlín, Marburgo y Breslavia. Formaba parte, por tanto, del elenco de matemáticos que desarrollaban su labor en el centro universal de las matemáticas de finales del siglo XIX.

Después de graduarse, Fraenkel ejerció de profesor en Marburgo, donde recogió el testigo dejado por Zermelo y publicó entre 1922 y 1925 un par de artículos en los que introdujo un nuevo axioma (de hecho, un conjunto de axiomas, uno para cada fórmula).

El objetivo era construir un axioma que asegurara que la clase de todos los ordinales (esto es, los números naturales más los ordinales transfinitos de Cantor capitaneados por ω) era efectivamente un conjunto, sin caer en paradojas similares a las expuestas por Russell o Burali-Forti. Siguiendo la notación que hemos utilizado para definir relaciones funcionales, era necesario establecer que las clases del tipo $\left\{ F_\varphi(t) \right\}$ eran, en efecto, conjuntos. Fraenkel lo expuso, tal cual, en forma de axioma, aunque no para cualquier t ni cualquier fórmula φ.

Axiomas de reemplazo (o de sustitución)

Dado un conjunto x, la clase $c = \{ F_\varphi(t) | t \in x \}$ es un conjunto para cada fórmula funcional φ (t, y) (recordemos que, de la definición de fórmula funcional, para cada $t \in x$ existe un único conjunto y tal que la fórmula φ (t, y) es cierta). Una formulación equivalente de los axiomas de reemplazo, en lenguaje de teoría de conjuntos, es

$$\forall x \Big(\forall t \big((x \in t) \to \exists! \, y \, | \, \varphi(t,y) \big) \Big) \to$$

$$\to \exists c \Big(\forall y \big(\exists t \big(t \in x \wedge \varphi(t,y) \big) \big) \leftrightarrow (y \in c) \Big)$$

A partir de los axiomas de reemplazo podemos definir una función f de x en c:

$$f = \Big\{ r \in x \times c \, | \, \exists t \exists y \big(r = t, y \wedge y = F_\varphi(t) \big) \Big\}$$

Es importante notar que, a diferencia de Zermelo, Fraenkel utilizó en su axioma elementos de un conjunto x dado, y no elementos de una clase cualquiera, fuera esta un conjunto o no lo fuera. De esta forma, Fraenkel se aseguró de que la función f definida sobre x es, en efecto, una función. Y, además, demostró que del conjunto de ocho axiomas (los siete de Zermelo más el de reemplazo) había dos que no eran ya imprescindibles: los axiomas de especificación y el axioma del par (se puede encontrar su demostración en los apéndices).

El sistema axiomático ZF quedó desde entonces, por tanto, definido por un conjunto de seis axiomas:

1. Axioma del conjunto vacío.
2. Axioma de extensionalidad.
3. Axioma de la unión.
4. Axioma del conjunto potencia.
5. Axioma del infinito.
6. Axiomas de reemplazo.

El sistema resultante, aunque coherente, no permitió tampoco a Fraenkel demostrar la hipótesis del continuo de Cantor. Seguía faltando alguna pieza, algún axioma, que permitiera demostrar dicha hipótesis. ¿Sería el axioma de elección, formulado ya en 1904 por el propio Zermelo, la solución?

La incorporación del axioma de elección al sistema ZF toma el nombre ZFC (la letra ce proviene del término inglés *choice*) y se forma así un sistema de siete axiomas (o seis, si se considera el axioma del vacío dentro del axioma del infinito, como ya se ha comentado) que permite avanzar en el desarrollo de la teoría de conjuntos, especialmente en lo que se refiere a conjuntos infinitos.

Desafortunadamente, el sistema ZFC tampoco sirve para demostrar la hipótesis del continuo, tal como se desprende de los trabajos de los matemáticos Kurt Gödel (1906-1978) y Paul Cohen (1934-2007):

- Gödel demostró en 1940 que, bajo el conjunto axiomático ZFC, es imposible demostrar que la hipótesis del continuo es falsa, lo que dio un brillo de esperanza a los matemáticos que, como Fraenkel, seguían trabajando en su demostración.

- No obstante, Cohen demostró en 1963 que, bajo el conjunto axiomático ZFC, es imposible demostrar que la hipótesis del continuo es cierta, lo que cerró definitivamente el camino ZFC hacia la demostración de que $2^{\aleph_0} = \aleph_1$. Y, de paso, la demostración le valió la medalla Fields, el máximo galardón del mundo de las matemáticas (a falta de Premio Nobel), en la primera y única vez hasta ahora que se ha concedido a un trabajo en el campo de la lógica.

Si bien el sistema ZFC ha resultado ser una herramienta no válida para la demostración de la hipótesis del continuo, por el camino se ha desarrollado la teoría axiomática de conjuntos, lo que ha permitido profundizar en el significado del infinito no solo como un número real,

Apóstoles del Axioma de elección

Aunque el axioma de elección fue muy controvertido desde el principio, Zermelo y todos los que le siguieron lo encontraron enormemente útil, porque permitía formular diversos teoremas y lemas cuya demostración necesitaba del axioma de elección, no solo en el campo de la teoría de conjuntos, sino en álgebra, análisis funcional, etcétera. La lista es larga e incluye, entre otros, el teorema del buen orden de Zermelo, el teorema de la elección de Tarski, el teorema de König, el lema de Zorn, el teorema de Krull, el teorema de Tíjonov o el principio maximal de Hausdorff.

En la actualidad hay tres vías de estudio abiertas alrededor del axioma de elección: los que abogan por darlo por cierto (la mayoría), los que abogan por no utilizarlo y los que buscan demostrar si es cierto o falso mediante otras vías. ¿Alguien se anima a seguir alguna de ellas?

Hay que destacar que el axioma de elección no es la panacea, como la hipótesis de Cantor nos recuerda cada día desde 1963: incluso con el axioma de elección, la hipótesis del continuo podría ser cierta y todo funcionaría bien, y también podría ser falsa y todo funcionaría bien también. $\emptyset$

sino como una colección de números que ayudan a comprender la inmensidad de las matemáticas y, por qué no, a apreciar la belleza del camino recorrido.

Si la hipótesis del continuo es cierta o no, en un sistema o en otro, ya es cuestión de fe. Algo de lo que Cantor no carecía. No obstante, esta incertidumbre no ha sido obstáculo para el desarrollo de la teoría de conjuntos más allá de los fundamentos de Cantor y sus sucesores Zermelo, Fraenkel, Gödel y Cohen, entre otros. En particular, Gödel hizo los primeros intentos de avanzar en la teoría de conjuntos sugiriendo la posibilidad de que existan números *muy grandes*, es decir, cardinales infinitos que son incluso mayores que los cardinales transfinitos *habituales* (o sea, los cardinales $\aleph_i$). Esta idea dio lugar al desarrollo de las teorías de los grandes cardinales. Aunque no se ha probado su existencia, se puede añadir como un axioma adicional y avanzar a partir de ahí. La idea de los grandes cardinales es análoga a la de los infinitos *habituales*: partiendo de los números naturales no llegamos jamás al cardinal $\aleph_0$ (o al ordinal ω, si lo que hacemos es ordenarlos) si las operaciones que efectuamos son la suma y la multiplicación habituales (e incluso la exponenciación), siempre que empecemos a operar con un número finito. El número $\aleph_0$ es, por tanto, inalcanzable. Ahora bien, una vez llegamos al primer cardinal transfinito, por exponenciación podemos llegar a los otros para obtener cardinales cada vez más grandes (gracias a la demostración de Cantor de que el conjunto $\mathcal{P}(C)$ de las partes de un conjunto dado C tiene un cardinal estrictamente mayor y que coincide con $2^{card(C)}$). Lo anterior es cierto incluso si la hipótesis del continuo es falsa, con lo cual no estamos añadiendo hipótesis adicionales. El menor de los grandes cardinales sería un número inalcanzable a partir de las operaciones habituales con los cardinales $\aleph_i$, que por adición, multiplicación y exponenciación formaría una clase. Luego vendría la clase de los cardinales que son inalcanzables desde la clase anterior y así sucesivamente. En esta jerarquía se han definido las clases de los cardinales medibles, los cardinales fuertes, los cardinales de Woodin (cuyo *descubridor* sigue investigando en este tema) y, en los últimos tiempos, los prácticamente desconocidos cardinales superfuertes, los cardinales supercompactos, los cardinales extensibles, los cardinales inmensos e incluso los cardinales ω-inmensos.

El estudio de los grandes cardinales es hoy en día una puerta abierta a la investigación, tanto desde el punto de vista teórico como de las posibles aplicaciones de la teoría que se está desarrollando. Y se necesitan los mejores cerebros. ¿Quién se atreve a cruzar el umbral? Al otro lado nos espera un mundo infinitamente grande.

Contar lo incontable es posible

Desde los tiempos de la antigua Grecia, las matemáticas se han definido como la ciencia de la verdad absoluta e infalible. Sus dictados se han reverenciado como un modelo de autoridad y se ha confiado absolutamente en sus resultados. Es común la opinión de que «en matemáticas, las cosas son, o bien ciertas, o bien falsas». Los trabajos del matemático noruego Thoralf Albert Skolem (1887-1963) presentaron una nueva perspectiva en la teoría de conjuntos, en la que la duda y la relatividad vinieron para quedarse.

Skolem nació en una zona rural al norte de Oslo, Noruega, en el seno de una familia de campesinos. Su padre era maestro de escuela primaria, lo que seguramente le brindó buenos cimientos académicos, y en 1905 entró en la Universidad de Oslo para estudiar física y matemáticas.

En 1913 presentó su tesis de licenciatura en matemáticas sobre sus investigaciones en álgebra y lógica. Su

Thoralf Skolem, en la década de 1930.

trabajo fue tan brillante que se informó incluso al rey de Noruega. A pesar de ello, su fuente principal de investigación era la física, como asistente de Kristian Birkeland (1867-1917), famoso físico noruego y candidato al Premio Nobel en siete ocasiones. Fue precisamente con el que Skolem publicó sus primeros trabajos y con quien, incluso, viajó por África.

En 1915, Skolem se trasladó a Gotinga, uno de los centros matemáticos de la época, aunque su estancia allí fue muy corta debido a la Primera Guerra Mundial. Regresó a Oslo para proseguir sus investigaciones y en 1918 adquirió la recién creada plaza de profesor de matemáticas. Skolem tenía interés en muchas ramas de las matemáticas y realizó diversas publicaciones en el campo del álgebra, en el que destacó por el artículo de 1927 sobre los sistemas numéricos asociativos, donde se formula el teorema de Skolem-Noether, perfeccionado después por Amalie Emmy Noether (1882-1935), y de la combinatoria, aunque su dedicación principal era la lógica.

Primero en 1920 y más tarde en 1923, Skolem tuvo acceso al teorema desarrollado por Leopold Löwenheim (1878-1957) y formuló una generalización de este, para lo que presentó demostraciones más sencillas de las inicialmente propuestas por Löwenheim. Skolem no era muy aficionado a los conjuntos incontables y tenía en mente la idea de que, de algún modo, todo se podía contar. Incluso los números reales. De alguna manera. Y el teorema al que tuvo acceso, conocido desde entonces por el nombre de teorema de Löwenheim-Skolem, promulga exactamente eso: si se dispone de un conjunto numerable de instrucciones, todo lo que se pueda definir mediante ese conjunto de instrucciones será también numerable.

Formalmente, el teorema de Löwenheim-Skolem es como sigue. Dado un lenguaje L (por ejemplo, la combinación de los símbolos $\forall, \exists, \neg, \wedge, \vee, \rightarrow$, etcétera, que forman un conjunto de cardinal contable), una L-estructura M de cardinal infinito (o sea, un conjunto de dimensión infinita definible mediante L, como por ejemplo el conjunto de los números reales), entonces para cualquier cardinal infinito k mayor o igual que el cardinal de L existe una L-estructura N con $Card(N) = k$ que cumple:

- Si $k < Card(M)$, entonces N es una subestructura elemental de M, es decir, N cumple exactamente las mismas sentencias de primer orden que M, aun siendo menor.
- Si $k > Card(M)$, entonces N es una extensión elemental de M, es decir, N cumple exactamente las

mismas sentencias de primer orden que M, aun siendo mayor.

Si nos fijamos en el primer punto, y como la lógica de primer orden de la teoría de conjuntos está basada en un lenguaje con cardinalidad igual a la de los números naturales (es decir, es contable), entonces para cada conjunto infinito de la teoría existe un conjunto de cardinal numerable que se puede relacionar de forma biyectiva con el primero, es decir, todo conjunto infinito será numerable. O sea, ¡los números reales se pueden contar!

Skolem observó una aparente paradoja. Por un lado, el teorema de Löwenheim-Skolem dice que los números reales se pueden contar. Por el otro, Cantor demostró que no es posible contar los números reales. Esta paradoja no se les pasó por alto a los defensores de la axiomatización de la teoría de conjuntos, que anotaron a Skolem en su lista negra de inmediato, a pesar de que las demostraciones del teorema eran correctas.

No obstante, el propio Skolem aclaró la paradoja: en el contexto específico de un modelo de la teoría de conjuntos, el término «conjunto» no se refiere a un conjunto arbitrario, sino solamente a los conjuntos que forman parte del modelo. En ese contexto, la propiedad de ser contable requiere que exista una relación de biyección, de forma que se pueda reconocer a un conjunto C como contable (si se encuentra dicha relación), pero que no exista dicha relación no implica que no se pueda reconocer como contable en otro modelo particular de la teoría de conjuntos, porque en ese modelo quizás sí existe una relación biyectiva entre C y los números naturales.

En el caso de los números reales, Skolem razonó del siguiente modo. Mediante la lógica de primer orden no es posible definir todos los números reales y por eso no se encuentra una biyección de todo el conjunto con los números naturales: no se puede relacionar lo que no se ve. En un lenguaje adecuado, por tanto, más allá de la lógica de primer orden, sí que sería posible encontrar una biyección entre los números naturales y los números reales, de forma que estos últimos sí se podrían contar. En particular, por tanto, la conciliación de los dos resultados acerca de la contabilización de los números reales se da porque en la teoría axiomática de conjuntos solamente se pueden describir unos cuantos números reales utilizando la lógica de primer orden. Se trataría de los números que pueden ser definidos mediante fórmulas escritas en la lógica de primer orden. Estos números, llamados «definibles», sí son contables en la lógica de primer orden. Por ejemplo, el número e es un número definible, porque cumple la fórmula

$$x = \sum_{n=0}^{\infty} \frac{1}{n!}$$

que es válida en el esquema axiomático de Zermelo. También el número π es definible (basta observar el producto de Wallis que define el número π) y también $\sqrt{2}$, porque cumple la fórmula $(x^2 = 2) \wedge (x > 0)$. Observamos, por tanto, que además de los números racionales, el conjunto de los números decidibles incluye también algunos números irracionales (incluso algunos números transcendentes), pero claramente no incluye todos los números reales. Además, los números indefinibles forman un conjunto incontable (según la lógica de primer orden), es decir, existen muchísimos más números indefinibles que números definibles. Son los números que siguen siendo *opacos* a la luz de la lógica de primer orden.

Hay que destacar que Skolem consideraba que no tenía sentido lo que establecía su propio teorema en el segundo punto, porque no creía en la existencia de conjuntos incontables. De hecho, estaba molesto con la asociación del teorema con su nombre, precisamente por su segundo punto; no quería que se asociara a un absurdo. Siguiendo el razonamiento de Skolem, Tarski le sugirió que fuera consistente con sus ideas y reconociera que la primera parte del teorema era, también, un absurdo.

Quizá debido a las críticas que recibía, Skolem decidió aceptar en 1930 un puesto fijo como investigador en la ciudad de Bergen sin ninguna otra obligación que vivir allí y dedicarse a investigar. Bergen estaba entonces bastante aislada de la investigación y no tenía universidad, con lo cual necesitaba hacer buenas ofertas para atraer talento. Skolem pasó allí ocho años y, aunque al principio la idea del *retiro* le parecía atractiva, pronto se encontró con grandes dificultades de tipo logístico, porque no podía consultar libros ni las últimas publicaciones científicas en la inexistente biblioteca, ni tan siquiera debatir con sus inexistentes colegas. Quizá por ello empezó a formar parte de asociaciones matemáticas, participó activamente en diversas revistas del ámbito y siempre que podía realizaba ponencias en conferencias, incluso en las de carácter internacional. La consideración de Skolem de que, de hecho, no existían conjuntos incontables desde un punto de vista absoluto (si parecen incontables es porque los modelos utilizados no se ajustan bien a la realidad) empezaba a tener seguidores. Más allá de $\aleph_0$, según el matemático, no hay nada.

A los 51 años, Skolem recibió una oferta de la Universidad de Oslo que aceptó con gusto. Su *retiro* había finalizado. Allí prosiguió con sus investigaciones y su vida *social*: conferencias, organización y asistencia a congresos, edición y publicación de revistas matemáticas, etcétera. Cuando se retiró oficialmente en 1957, y quizá para no revivir sus años de aislamiento científico en Bergen, intensificó su participación en conferencias internacionales, especialmente en Estados Unidos, donde diversas universidades solicitaban su presencia con regularidad. Hasta el momento de su muerte repentina, con casi 76 años, Skolem tuvo siempre una agenda repleta de eventos.

El legado de Skolem cuenta con casi 200 artículos publicados, no solo en matemáticas, sino también en lógica y en física, sus otras dos pasiones.

Más allá de la aparente paradoja, el teorema de Löwenheim-Skolem establece que la noción de contabilización es relativa, sujeta al lenguaje utilizado. No existe una noción absoluta de «uno, dos, tres, etcétera», sino que es relativa al sistema empleado. Esta noción de «relatividad de conceptos» no es nueva. En geometría, por ejemplo, el quinto postulado de Euclides (dado un punto exterior a una recta, existe una única recta paralela a la primera que pase por el punto dado) fue puesto en duda durante el siglo XIX por Gauss y otros matemáticos, lo que dio lugar a geometrías no euclidianas, es decir, en las que el quinto postulado de Euclides no se considera cierto. Entonces, tan *matemático* es considerar el quinto postulado de Euclides como cierto que considerarlo como falso. Aunque, en principio, podría ocurrir lo mismo frente al concepto de «contable», en el caso de la teoría de conjuntos la relatividad es más dolorosa, puesto que hay un acuerdo mayoritario en considerarla como el fundamento sobre el que se basa la estructura de las matemáticas.

Si se acepta que puede haber diversas teorías de conjuntos, se reconoce la posibilidad de que puedan existir diversas matemáticas o, peor aún, que las matemáticas no sean una ciencia absoluta, sino que está sujeta a relatividades.

La pregunta que viene a continuación es: ¿puede tener implicaciones prácticas esta concepción? La historia de las matemáticas está repleta de descubrimientos que al principio parecían totalmente abstractos, pero que luego se han revelado de suma importancia para el desarrollo de otras ciencias. En consecuencia, la experiencia nos lleva a responder a la pregunta anterior de modo afirmativo: sí que se encontrarán aplicaciones en el mundo real de las nuevas matemáticas que surjan de teorías alternativas de conjuntos, aunque de momento no sepamos cómo ni cuándo. Pero la perspectiva de construir herramientas con las que desarrollar nuevas aplicaciones se presenta como un reto similar al que mueve a los exploradores a viajar hacia lugares cada vez más lejanos, en la Tierra o fuera de ella. Quizá por eso las matemáticas sigan atrayendo a los espíritus más aventureros. ¿Quién se apunta a explorar el infinito?

El infinito está en todas partes

«La naturaleza es una esfera infinita con el centro en todas partes y la circunferencia en ninguna».
BLAISE PASCAL (1623-1662).

En la vida diaria utilizamos habitualmente expresiones en donde aparece el infinito: «te quiero infinito», «esto es infinitamente sencillo», «por ti iría hasta el infinito y más allá», etcétera. En general, nos referimos al infinito como una metáfora, una forma de expresar una cantidad muy grande. Y, encerrados en una realidad finita, tendemos a pensar que verdaderamente el infinito no existe y que no es más que un concepto para que los matemáticos dejen volar libremente su imaginación. No obstante, si miramos un poco más allá, veremos el infinito en muchos lugares. De hecho, lo podemos ver en infinitos lugares.

O quizá, al fin y al cabo, nuestro universo sea finito y la concepción del infinito sea solo un producto de nuestra imaginación. En cualquier caso, considerar el infinito como algo real ha aportado grandes avances no solo en las matemáticas, sino también en el mundo del arte; paradójicamente, plasmar en un cuadro algo que no vemos, como el infinito, contribuye a aumentar el realismo de la obra.

Tomemos el infinito en perspectiva

Desde el origen de los tiempos, la humanidad ha querido representar la realidad. La escritura, la pintura, el lenguaje mismo son representaciones más o menos fieles de ella. Los grandes expertos en una disciplina utilizan las mejores técnicas para representar el mundo que observan: escultores o actores, matemáticos o pintores, todos comparten el mismo deseo: explicar la realidad.

Pero el mundo real tiene un marcado carácter multidisciplinar y, por ello, los grandes avances se han producido muchas veces gracias a personas con inquietudes diversas, que han aportado puntos de vista distintos mediante el trasvase de conocimientos de un campo a otro. El paradigma de este tipo de personas lo encontramos en el Renacimiento, el movimiento surgido en la Italia de los siglos XIV y XV. Curiosamente, el estudio del pasado generó un progreso en todos los campos de la ciencia y el arte nunca visto hasta entonces. Y dicho progreso vino de la mano de grandes genios, como **Filippo Brunelleschi** (1377-1446). Brunelleschi nació en el seno de una familia acomodada de Florencia, una ciudad rica y próspera, lo que le permitió gozar de una buena educación científica y matemática, aunque enseguida demostró talento para el arte, por lo que entró en el

Filippo Brunelleschi.

gremio de los mercaderes de la seda (que incluía también a orfebres forjadores y trabajadores del bronce) y aprendió el oficio de la orfebrería. En el gremio se debatía y se compartían ideas acerca del papel protagonista del hombre en el mundo como agente transformador y de la importancia de la razón y el empirismo como fuente de conocimiento. Brunelleschi tuvo acceso al estudio de los clásicos griegos y romanos, y, movido por el ansia de experimentación, se trasladó a Roma para estudiar de cerca las grandes obras arquitectónicas (o lo que quedaba de ellas) que emergían como tributos al desaparecido Imperio.

Impresionado por la arquitectura, Brunelleschi estudió a fondo los grandes templos y monumentos romanos. Y, al intentar plasmarlos en una tela, se dio cuenta de que no era capaz de representar adecuadamente la profundidad, la realidad tridimensional de los edificios, en un trozo de tela de dos dimensiones. Entonces se percató de que, hasta ese momento, las pinturas carecían casi totalmente de profundidad y nadie había establecido un procedimiento para representar fielmente objetos tridi-mensionales en un lienzo.

Dos ideas cayeron como un relámpago en la cabeza de Brunelleschi: debía encontrar la forma de plasmar aquellos edificios en un cuadro y tenía que ser capaz de sistematizarla y ponerla a disposición de todo el mundo (o, como mínimo, de sus amigos). De sus días de aprendiz en el gremio, Brunelleschi había observado que, al pro-barse las nuevas telas de seda, las damas florentinas se miraban en un espejo para ver cómo les quedaban. Y de ahí obtuvo la primera idea: para dibujar un monumento sobre un lienzo, solamente debía copiar la imagen que proyectaba sobre un espejo. Mediante esta simple técni-ca consiguió dotar a sus dibujos de un realismo que no se había visto hasta entonces. Brunelleschi regresó a Flo-rencia con sus dibujos bajo el brazo y allí empezó a llegar-le algún encargo de arquitectura. Ser parte de un gremio abría muchas puertas en la Florencia del siglo XV.

Aunque la técnica del espejo le daba buen resultado, Brunelleschi no se sentía satisfecho porque advirtió que a su procedimiento le faltaba rigor. A fin de cuentas, él ha-bía estudiado matemáticas y conocía los postulados de Euclides sobre geometría, y lo que estaba haciendo era, simplemente, copiar una imagen. Por las noches, cuando terminaba su jornada en la construcción del Hospital de los Inocentes (un tributo al estilo sobrio de la época clá-sica, por supuesto), estudiaba la forma de llegar al mis-mo dibujo sin tener que pasar por el proceso de mirar al espejo y copiar. Se le antojaba un trabajo infinito, pero

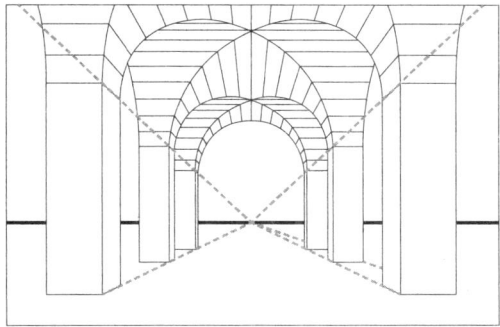

Figura 25. El punto del infinito es el de corte de las rectas paralelas que se alejan del observador (en el dibujo, las líneas diagonales que se unen en un punto) y está situado en la línea del horizonte (la línea horizontal del fondo).

Brunelleschi seguía tenazmente, repasando una y otra vez la teoría de la geometría y los dibujos que iba realizando. Entonces se dio cuenta de que *algo* no cuadraba.

Al plasmar la realidad en un lienzo, Brunelleschi observó que las líneas paralelas que se alejaban de su punto de vista no aparecían dibujadas en paralelo, sino que se acercaban unas a otras. Y no solo eso, sino que, si las extendía, observó que todas se cruzaban en un mismo punto. ¡Las líneas paralelas se cruzaban en un punto! Brunelleschi no se lo podía creer: había demostrado empíricamente que la mejor forma de representar la realidad era, precisamente, rompiendo la regla de oro de las rectas paralelas: no se cortan nunca. O, mejor dicho, se cortan en el infinito. Precisamente allí encontró Brunelleschi la clave: para representar el efecto de profundidad, había que incorporar el infinito en los dibujos, contar con él. Y ese punto debía formar parte de la línea del horizonte, que representa el límite de lo que el observador puede ver.

Brunelleschi observó también que la distancia entre las líneas paralelas al horizonte se acortaba a medida que

Brunelleschi convenció a todos

El siguiente paso, una vez resueltas todas las dudas de tipo técnico, era convencer al mundo de que la técnica ideada por Brunelleschi era realista, es decir, plasmaba fielmente la realidad.

Brunelleschi puso por escrito su método, convencido de que esa era la vía para divulgarlo. No obstante, según parece, no estaba especialmente dotado para la prosa, porque su escrito no tuvo una gran acogida. Sin embargo, sí estaba dotado de buena oratoria y cuando le contó el método a su amigo Alberti, este lo puso por escrito con un estilo mucho más didáctico en su obra *Sobre la pintura*, que se convirtió al poco en un éxito.

Pero lo que seguramente contribuyó a divulgar de forma definitiva su técnica fue la demostración que Brunelleschi hizo frente al Baptisterio de Florencia de que su método proporcionaba imágenes realistas. Para ello, dibujó el Baptisterio de Florencia y practicó un agujero en el punto del infinito. Sostuvo el cuadro entre él y el baptisterio, de forma que el dibujo quedara frente al edificio (Brunelleschi veía la parte trasera del cuadro), y luego puso un espejo entre el cuadro y el edificio. Igual que en Roma, los espejos le daban la clave para interpretar la realidad.

se acercaban a la línea de este, aunque en la realidad la distancia entre ellas no variase. Apoyándose en sus conocimientos de geometría clásica, utilizó las propiedades de semejanza de triángulos para calcular las distancias a

Mirando a través del agujero que había practicado, Brunelleschi podía ver la imagen de su cuadro reflejada sobre el espejo. Al retirar el espejo, veía el edificio real. ¡Y las dos visiones eran extremadamente similares!

Brunelleschi invitó a todos los que pasaban por allí a que miraran a través del agujero y todo el mundo se sorprendió al comparar lo que se veía a través del espejo y lo que se veía cuando este se retiraba.

Una vez más, Brunelleschi comprobó que la mejor manera de demostrar algo es a través de la experimentación. Él mismo había llegado a la conclusión de que había que considerar el infinito como un punto real dentro de la composición, oponiéndose a la concepción imperante hasta ese momento en geometría mediante la observación y la comprobación empírica de la realidad. Y sus conciudadanos, gracias a un espejo, se convencieron definitivamente de que Brunelleschi tenía un gran talento como diseñador y arquitecto. No tardarían en lloverle las ofertas de trabajo, cada vez de mayor envergadura, hasta que le encargaron su mayor obra arquitectónica: la cúpula de la catedral de Florencia. Hoy en día, sigue siendo la cúpula de ladrillos más grande del mundo con un diámetro de más de 42 metros. Ø

las que debía dibujar las líneas paralelas, de forma que tuvieran la apariencia de estar a una distancia constante en la realidad. Brunelleschi sintió un gran alivio al constatar que, a pesar de su atrevimiento a la hora de considerar el infinito como un punto existente en la realidad, la geometría clásica seguía siendo útil para resolver problemas de representación geométrica. Dado que Brunelleschi era a la vez artista y científico, se sintió muy orgulloso de sus avances.

Partiendo del primer segmento (el más cercano al observador), cuyo tamaño y distancia al segundo segmento se pueden considerar proporcionales a la realidad, es posible seguir un procedimiento para calcular, sucesivamente, el tamaño de un segmento y la distancia al siguiente:

1. Los dos extremos del primer segmento y el punto del infinito forman en el dibujo un triángulo cuya altura d_∞ es la distancia del punto del infinito al segmento y cuya base s_1 es igual a la longitud del primer segmento. Sea d_1 la distancia entre el primer segmento y el segundo.

2. Por proporcionalidad, la razón s_1/d_∞ es igual a la razón de la longitud del segundo segmento, s_2, y la distancia de este al punto del infinito: $s_1/d_\infty = s_2(d_\infty - d_1)$. De esta igualdad se puede calcular s_2.

3. También por proporcionalidad, la razón d_1/s_1 es igual a la razón entre s_2 y la distancia del segundo segmento al tercero, d_2: $d_1/s_1 = d_2/s_2$. De esta igualdad se puede calcular d_2.

4. Podemos repetir los pasos 2 y 3 para hallar, por proporcionalidad, los valores s_3, d_3, s_4, d_4, etcétera.

Más adelante, en colaboración con Leon Battista Alberti (1404-1472), Brunelleschi desarrolló un método geométrico consistente en añadir al cuadro (o fuera de él) el punto de vista del pintor; este dotaba de más libertad creativa al artista.

Veremos a través del ejemplo de la figura 26 el procedimiento para calcular la distancia a la que hay que representar 4 segmentos paralelos a la línea del horizonte separados entre sí por la misma distancia. Supongamos que el primer segmento (determinado por los puntos $P1$ y $P2$) medirá 6 cm en nuestro dibujo, queremos que el segundo segmento esté a 1 cm de distancia del primero y situamos el punto del infinito (*Inf* en el gráfico) a 4 cm de distancia del primer segmento (para facilitar los cálculos, supondremos que el punto *Inf* está sobre la mediatriz de dicho segmento). El procedimiento es el siguiente:

1. Trazamos las rectas que unen, respectivamente, los puntos $P1$ y $P2$ con el punto *Inf*, cuyas ecuaciones serán $1 = 4/3x + 4$ e $y = -4/3x + 4$.

2. El segundo segmento viene determinado por el punto de cada una de las rectas anteriores que se encuentra a una altura igual a 1, o sea, $P3$ y $P4$.

3. Buscamos ahora los puntos que dividen el primer segmento en 3 partes iguales (o sea, una parte menos del total de segmentos a representar) y marcamos los puntos interiores, A y B.

4. Trazamos la recta que une los puntos B y $P4$, cuya expresión será en este caso $y = 4/5x - 4/5$,

y buscamos el punto de corte con el horizonte (o sea, la recta paralela al eje horizontal que contiene *Inf*); dicho punto se denomina «punto del pintor» (o del observador) porque viene determinado exclusivamente porque el pintor ha decidido representar 4 segmentos y situar el segundo a una distancia determinada (1 cm en nuestro caso). Llamaremos a este punto *Ppint*.

5. Trazamos ahora las rectas entre *Ppint* y el resto de los puntos del paso 3. En particular, la ecuación de la recta que pasa por *A* es $y = 4/7x + 4/7$ y la de la recta que pasa por *P*1 es $y = 4/9x + 4/3$.

6. La intersección de cada una de las rectas anteriores con la recta que une *P*2 con *Inf* marca la altura donde dibujar cada uno de los segmentos que faltan; en particular, el tercer segmento estará a una altura igual a 8/5 (es decir, la distancia entre el segundo y el tercer segmento será igual a 0,6 cm) y el cuarto estará a una altura igual a 2 (o sea, la distancia entre el tercer segmento y el cuarto será de solo 0,4 cm).

El método anterior proporciona, en realidad, toda una variedad de posibles distancias, en función de la distancia elegida entre el primer y el segundo segmento, y de los cortes que realicemos en el segmento (número y distancia entre ellos), siempre que la longitud de los subsegmentos sea la misma. Mediante este procedimiento, el pintor tiene mayor libertad creativa a la hora de decidir el

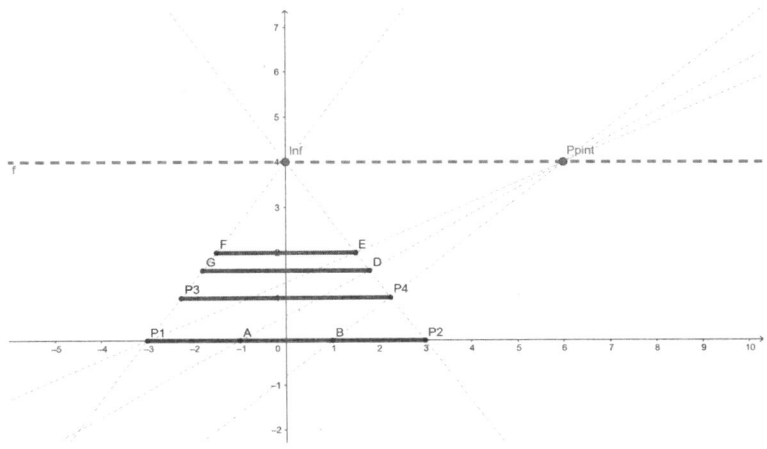

Figura 26. Cálculo de la distancia entre diversos segmentos paralelos con respecto a la línea del horizonte.

aspecto final de su obra y así podrá conferirle un aspecto más realista o más dramático, en función de su intención. Al fin y al cabo, no todo es cuestión de plasmar la realidad, sino, a veces, de interpretarla.

Una superficie infinita que encierra un volumen finito

El matemático italiano **Evangelista Torricelli** (1608-1647) tuvo el privilegio de recibir una educación de gran calidad a pesar de provenir de una familia pobre. Su tío Giacomo era monje y, al ver las capacidades de su joven sobrino, medió para que Torricelli estudiara en un colegio jesuita, donde recibió la mejor enseñanza posible de la época.

Allí realizó sus primeros estudios sobre la concepción aristotélica del mundo y del infinito.

Terminados los estudios elementales, su tío influyó también para que pudiera estudiar en la universidad más importante del país: Sapienza-Università di Roma, donde Torricelli colaboró con el monje benedictino Benedetto Castelli (1578-1643), que había sido discípulo y colaborador de Galileo Galilei. Castelli conocía los trabajos que Bonaventura Cavalieri (1598-1647) estaba llevando a cabo, inspirados en el método de exhaución de Arquímedes, es decir, el método de los indivisibles para calcular áreas y volúmenes.

Para el cálculo de volúmenes, Cavalieri demostró con su método que, al realizar un corte transversal de dos objetos que tienen la misma altura, la superficie es la misma para los dos objetos, por lo que ambos comparten el mismo volumen. Estudió el método de los indivisibles junto con Galileo y se lo enseñó a su discípulo Torricelli, quien lo desarrolló más profundamente y lo reescribió de forma más didáctica. Su texto se convirtió en la referencia para el estudio del método de los indivisibles, que pasó a llamarse «método de Cavalieri».

Torricelli, fascinado por los infinitésimos, se preguntaba acerca de la potencialidad o realidad del infinito (como otros tantos a lo largo de la historia) cuando, un día, se encontró con una paradoja: ¡un objeto con capacidad (volumen) finita, que no obstante tenía superficie infinita! El objeto en cuestión tenía forma de trompeta, como las que tocaban los ángeles en los cuadros o como

Método de Cavalieri: en cada corte horizontal, las superficies (los círculos determinados por cada moneda) son iguales. Por tanto, los dos montones tienen el mismo volumen.

la que tocaría el arcángel Gabriel para señalar el día del juicio final. Decidió llamar al paradójico objeto «la trompeta de Gabriel».

El objeto en cuestión consiste en el sólido de revolución que se genera al girar la curva $y = 1/x$ (la gráfica de la cual está dibujada en la figura 27) sobre el eje de abscisas, en el intervalo $[1.\infty)$, de forma que se obtiene una trompeta horizontal.

Torricelli calculó la superficie lateral de la trompeta mediante la suma de las superficies laterales de los infinitos troncos de cono (de altura infinitesimal, dx) que contiene si cortamos la trompeta en infinitas rebanadas: si tomamos un tronco cónico de altura infinitésima dx y radios $1/x$ y $\frac{1}{x+dx}$, su superficie lateral es igual a $2\pi f(x)\sqrt{f'(x)^2 + 1}\,dx$ (en los apéndices se demuestra dicho cálculo, válido para troncos de cono con altura infinitésima). Aunque las rebanadas de la trompeta no son exactamente troncos cónicos, porque la generatriz del tronco no es totalmente recta, sino que está un poco curvada, el error cometido es mínimo: Torricelli estaba contabilizando de más las (infinitamente pequeñas) cortezas generadas por

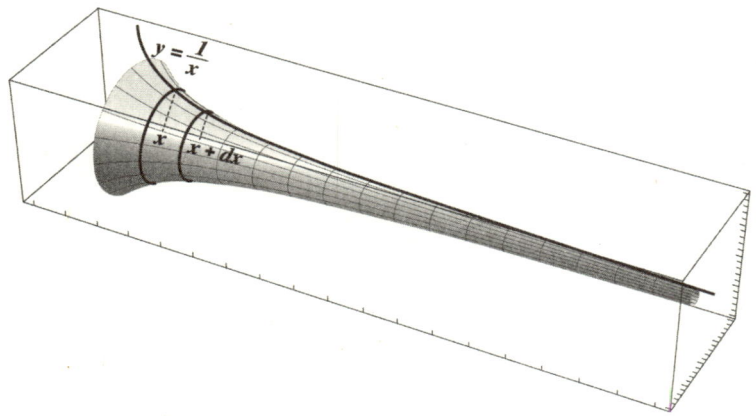

Figura 27. La trompeta de Gabriel, o de Torricelli, con un cono truncado de altura dx.

las áreas grises (véase la figura 27). No obstante, tomando $dx \to 0$, demostró que el error era igual a 0.

Por tanto, para calcular la superficie total de la trompeta de Gabriel, Torricelli solamente necesitaba sumar las infinitas superficies para los infinitos x entre 1 e ∞. En términos que Torricelli todavía desconocía (porque el símbolo de integración lo introdujo Leibniz, que tenía solo un año cuando aquel murió), el cálculo que debía realizar para calcular la superficie de la trompeta de Gabriel era como sigue:

$$S = \int_1^\infty s = \int_1^\infty \frac{2\pi}{x} \sqrt{\frac{1}{x^4} + 1} \, dx$$

Como para cualquier valor de $x \in \left[1, \infty \right)$, tendremos que

$$\sqrt{\frac{1}{x^4}+1}$$

será siempre mayor o igual que 1, podemos afirmar que

$$S > \int_1^\infty \frac{2\pi}{x}\,dx = 2\pi \left[\ln(x)\right]_1^\infty = \infty$$

Por tanto, la trompeta de Gabriel necesita de una cantidad infinita de material para ser fabricada. Quizá por eso Torricelli le puso ese nombre celestial, porque solamente en el reino de los cielos se puede disponer de cantidades infinitas de materiales para construir trompetas. Pero lo que sorprendió realmente a Torricelli fue que, de hecho, esa trompeta infinita encerraba en su interior un volumen finito. En efecto, el volumen de una rebanada de la trompeta, cuya anchura infinitésima es dx, es igual a $\pi/x^2 dx$. Entonces, el volumen total que encierra la trompeta de Gabriel no es más que

$$V = \pi \int_1^\infty \frac{dx}{x^2} = \pi \left[-\frac{1}{x}\right]_1^\infty = \pi$$

Torricelli realizó los cálculos de superficie y de volumen de diversas formas, pero siempre llegó a la misma conclusión (cierta): a veces es necesaria una cantidad infinita de material para recubrir un volumen finito. Quizá este resultado sorprendente fue la causa de que decidiera redoblar esfuerzos en otro tipo de estudios, más aplicados, lo cual ha resultado ser una maravillosa noticia para la física. Pero nos queda la duda de qué otros infinitos habría encontrado si hubiera seguido buscando.

¿Existe el infinito físico?

Cuando terminó el bachillerato en el instituto Maximilians de Múnich, el joven **Max Karl Ernst Ludwig Planck** (1858-1947), al que todos llamaban Max, debía elegir su orientación académica. Por un lado, estaba la música y la posibilidad de profundizar sus conocimientos de órgano, piano y violonchelo. Por otro lado, estaba la filología clásica, una rama que le encantaba. Y, finalmente, estaban las ciencias, que despertaban su curiosidad. Aunque su profesor de física trató de disuadirle de elegir el camino científico, porque «ya está casi todo descubierto en este mundo», Planck quería conocer los fundamentos de la física y no le pareció mal investigar sobre una ciencia completa «casi totalmente». Decidió matricularse en Física.

Max Planck, en 1878.

Después de un primer año en la Universidad de Múnich, Planck se trasladó a Berlín para profundizar en aspectos de la física teórica, donde se matriculó en las asignaturas de dos de los físicos más renombrados del momento: Hermann von Helmholtz (1821-1894) y Gustav Kirchhoff (1824-1887).

Helmholtz era médico de profesión y estudiaba la fisiología desde un punto de vista experimental. Llegó a resultados muy interesantes en diversas ramas científicas, como las leyes de conservación de la energía o la transmisión del calor. Helmholtz era, como Planck, un apasionado de la filología y la filosofía. Ambos trabaron amistad enseguida y colaboraron en diversas investigaciones relacionadas con la transmisión del calor (termodinámica), a pesar de que, como profesor, Helmholtz dejara mucho que desear: con frecuencia andaba distraído, no se preparaba las clases, lo que pagaba luego en forma de errores frecuentes en la pizarra, y, a medida que avanzaba el curso, iba perdiendo alumnos, hasta el punto de que solo tres siguieron sus clases de forma regular (Planck entre ellos).

Kirchhoff, por su parte, era el catedrático de física teórica de Berlín (una cátedra creada específicamente para él) y hacía gala en sus clases de una excelente oratoria y una gran meticulosidad y rigor en sus explicaciones. No obstante, en opinión de Planck, sus lecciones eran demasiado áridas y aburridas.

Planck comprendió que debía complementar su formación académica estudiando por su cuenta y se centró en los principios teóricos de la termodinámica. A los 21 años, presentó su tesis doctoral sobre el segundo principio de la termodinámica: «Cuando un sistema aislado pasa de un estado de equilibrio a otro, en el estado de equilibrio final la relación entre el calor transmitido y la temperatura a la que se transmite es la máxima posible y es mayor que la relación existente en el estado de equilibrio inicial». Desde entonces, se dedicó a estudiar la

Figura 28. Esquema de un cuerpo negro, que ni absorbe ni refleja la energía que recibe.

teoría para explicar los movimientos de energía. En 1894, Planck recibió el encargo del Buró Alemán de Estandarización (el precursor del *Deutsches Institut für Normung*, conocido por las normas DIN, la versión alemana de las normas internacionales ISO) de desarrollar una bombilla eléctrica más eficiente, es decir, que emitiera la máxima luz (visible) con el mínimo consumo de energía. Planck lo vio como una oportunidad de alternar sus estudios teóricos con las aplicaciones prácticas y se fijó en un concepto que Kirchhoff había formulado hacia 1860 y que a Planck le había parecido muy relevante: el concepto de cuerpo negro.

Un cuerpo negro es un objeto aislado de su entorno, en equilibrio termodinámico, tal que la radiación emitida y la radiación absorbida son iguales. En otras palabras, se trata de un objeto que ni refleja ni transmite la energía recibida al exterior.

De la definición, Kirchhoff había deducido que los cuerpos negros radian energía con el máximo ritmo posible por unidad de superficie para cada longitud de onda y cada temperatura. Su espectro, por tanto (es decir, la cantidad de energía transmitida para cada longitud de onda), debería poder caracterizarse. Pero Kirchhoff no pudo encontrar la fórmula de cálculo de los espectros de emisiones. Y Planck se propuso seguir a partir de ahí.

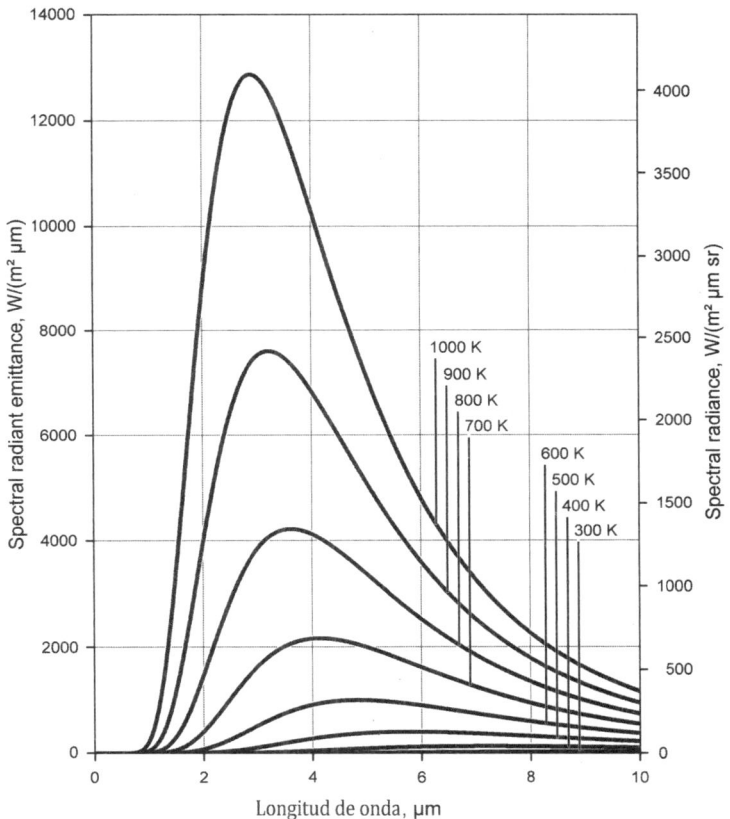

Figura 29. Espectro de radiación de un cuerpo negro.

Tras la muerte de Kirchhoff en 1887, la cátedra de física teórica de Berlín había quedado vacante y todavía no se había propuesto a nadie para ocuparla. Como Planck llevaba ya unos años como profesor de física teórica en la Universidad de Kiel, donde seguía trabajando en los

Las medidas de Planck

Planck extendió su concepción cuántica (a fin de cuentas, contable) de la intensidad de radiación a otras magnitudes físicas, lo que se tradujo en un paso más hacia la concepción finita de nuestro mundo físico. De esta forma, estableció un sistema de medidas de referencia, conocido desde entonces como las «unidades de Planck».

Las constantes más aceptadas por la teoría física clásica son las siguientes:

- La constante gravitacional, G.
- La velocidad de la luz en el vacío, c.
- La constante universal de la ley de gases, R.
- El número de Avogadro, a.

Basándose en las constantes anteriores, más la constante que lleva su nombre, h, Max Planck desarrolló un sistema de unidades fundamentales de medida que pudiera conciliar de alguna forma la física clásica con la física cuántica, que se estaba forjando. Las unidades son las siguientes:

- Unidad de longitud de Planck, $l_p = \sqrt{\dfrac{hG}{2\,\pi c^3}}$.

- Unidad de masa de Planck, $m_p = \sqrt{\dfrac{hc}{2\pi G}}$.

- Unidad de tiempo de Planck, $t_p = \dfrac{l_p}{c}$.

- Unidad de carga eléctrica de Planck, $q_p = \sqrt{2hc\in_0}$ ($\in_0$ es la permitividad eléctrica en el vacío).

Unidad de temperatura de Planck, $T_p = \dfrac{N_A m_p c^2}{R}$.

Según el sistema desarrollado por Planck y, por tanto, la física cuántica, se asume que los infinitésimos no existen: la distancia entre dos partículas será siempre un múltiplo entero de l_p, la masa de cada una de ellas será un múltiplo entero de m_p, etcétera. También se asumen magnitudes que indican máximos, lo cual implica añadir la hipótesis de que el infinito tampoco existe en nuestro universo. Por ejemplo, T_p es la máxima temperatura posible (alrededor de $1{,}4 \times 10^{32} K$).

En términos cuánticos, el Big Bang se produjo cuando el universo tenía una edad de $1t_p$, un diámetro igual a $1l_p$ y una temperatura igual a $1T_p$. Sea como sea, todavía hay preguntas por responder, como por ejemplo qué pasó antes de que el universo tuviera una edad de $1t_p$. ¿Quién quiere explorar nuestra historia? $\emptyset$

cuerpos negros de Kirchhoff, y seguía manteniendo amistad con Helmholtz, cuando en 1889 este último propuso a Planck como sustituto de Kirchhoff en la cátedra de física teórica, la Universidad de Berlín y el propio Planck aceptaron de inmediato.

Helmholtz y Planck volvían a colaborar. Y, como amigos, además de la relación profesional en el campo de la física, mantenían conversaciones de tipo filosófico, en las que el primero se situaba en una postura empirista, inspirada en la concepción aristotélica del universo físico: solo existe lo que podemos medir. Por su parte, Planck era inicialmente más escéptico, pero se planteaba también hasta qué punto las teorías que formulamos *a priori* influyen en nuestra forma de estudiar los fenómenos físicos, cuando debería ser al revés.

Quizá era el momento de poner en duda ciertos paradigmas y estudiar los fenómenos a la luz de propuestas alternativas. Como no podía avanzar en la descripción de los cuerpos negros y además quería encontrar la aplicación práctica al mundo de las bombillas incandescentes, Planck empezó a hacerse nuevas preguntas: ¿sería posible que las magnitudes físicas, como el calor o la radiación electromagnética, no fueran continuas? ¿Qué pasaría si, entre dos valores dados de una magnitud, no pudiéramos encontrar siempre en la naturaleza un valor intermedio? ¿Sería probable que los filósofos de la antigua Grecia tuvieran razón y no fuera posible dividir una magnitud sucesivamente en mitades, hasta el infinito? Parecía inviable que, mientras los matemáticos estaban desarrollando una teoría general de conjuntos que incluyera el infinito como un entre real, ahora que estaba demostrado que los números reales forman un continuo, el mundo físico estuviera quitando la razón a todos ellos en favor de una concepción de los números y las magnitudes forjada 2000 años atrás.

Aun así, como las investigaciones que había realizado hasta entonces habían sido infructuosas, porque los experimentos no confirmaban las hipótesis, Planck abordó el problema de los cuerpos negros como lo hubiera hecho Aristóteles. En particular, se imaginó un cuerpo negro como un conjunto de osciladores eléctricos microscópicos, que pueden acumular la energía recibida en forma de radiación electromagnética o perderla al emitir radiación electromagnética. Así, la energía total de cada oscilador en cualquier momento (la suma de la energía cinética más la energía potencial) sería un múltiplo de su frecuencia v de oscilación: $E_T = rv$. En ese punto, Planck supuso que ese valor r no podía ser cualquier número real, sino un múltiplo entero de una cierta constante h. Es decir, un oscilador podía tener, por ejemplo, una energía total igual a hv o igual a $2hv$, pero no podía tener un valor energético igual a $3hv/2$ ni tampoco igual a πhv. ¡La energía solo toma unos cuantos valores posibles! Planck estaba suponiendo que la energía no es un valor real, sino «cuántico».

Los experimentos llevados a cabo en el laboratorio bajo esta nueva premisa confirmaban este paradigma, al mismo tiempo que permitían a Planck deducir el valor de la constante *h* y avanzar desde el punto donde se había quedado Kirchhoff. Y, además, estaba dando resultados aplicables al mundo de las bombillas. Aunque la interpretación aristotélica había sido un acto de desesperación, Planck sacrificó todas sus convicciones previas sobre la física y triunfó.

Al iniciarse el siglo XX, Planck halló la fórmula de cálculo de la intensidad de radiación de un cuerpo negro a temperatura T para una frecuencia de onda *v*:

$$I(T,v) = \frac{2hv^3}{c^2 e^{\left(\frac{N_A hv}{RT}\right)} - 1}$$

en donde *c* es la velocidad de la luz, *R* es la constante universal de la ley de gases (que es más o menos 0,082 en unidades del sistema internacional), N_A es el número de Avogadro, o sea, el número de moléculas que hay en un mol (que es más o menos $6,02 \times 10^{-23}$ en unidades del sistema internacional) y h es la constante que Planck había calculado (más o menos, $6,63 \times 10^{-34}$ en unidades del sistema internacional). A partir de entonces, la constante h pasó a denominarse «constante de Planck».

Al principio, Planck consideró que la cuantificación era solamente un recurso formal y procuraba no pensar en sus implicaciones. No obstante, esta suposición, incompatible con la física clásica de Newton, supuso el nacimiento de la física cuántica. Y, de paso, el Premio Nobel para Max Planck en 1918.

Como beneficio adicional, Planck calculó que la bombilla óptima es la que emitía luz a una temperatura de 3200 grados Kelvin, que se corresponde con un color anaranjado claro, y es el usado por muchos focos profesionales, especialmente los de gran tamaño, donde el ahorro es considerable. En cualquier caso, hay que tener en cuenta que ya hace un tiempo que la tecnología de diodos emisores de luz, LED (del inglés *Light-Emiting Diode*), ha llegado para sustituir a las lámparas incandescentes, especialmente desde la invención de los LED de luz azul por parte de Isamu Akasaki (1929-2021), Hiroshi Amano (n. 1960) y Shuji Nakamura (n. 1954), lo que les valió el premio Noble de física en 2014. Los LED de luz azul son mucho más eficientes que las bombillas incandescentes o que las lámparas fluorescentes: pueden generar hasta 300 lumen por cada watio de potencia, mientras que los fluorescentes solo llegan a 70 y las lámparas incandescentes (como las que Planck estudió) solo llegan a 16.

Vivimos en un multiverso

«Si una persona proclama que entiende la teoría cuántica, o bien está mintiendo o bien está loca»

(RICHARD FEYNMANN, 1918-1988)

Max Planck parecía haber encontrado la respuesta definitiva acerca de la existencia del infinito o, como mínimo, de lo infinitamente pequeño: decididamente, no existe. Pero ahí estaba **Albert Einstein** (1879-1955), siempre curioso, pensando en un fenómeno que había observado, y que él llamó efecto *fotoeléctrico*: cuando se proyectaba luz sobre una plancha de metal, se generaba corriente eléctrica, de la misma forma que cuando se acercaban electrones; si bien estaba claro que el comportamiento de la luz se explicaba mejor si se consideraba una onda (Newton la consideraba un conjunto de partículas, pero

James Maxwell demostró, en 1865, que los campos elec-
tromagnéticos se desplazan por el espacio como ondas
viajando a la velocidad de la luz, y propuso que la luz
también se comportaba como una onda, en lugar de un
haz de partículas, cosa que explicaba que, según como se
combinaban dos haces de luz, algunos puntos quedaban
a oscuras, porque la onda de un haz anulaba la del otro),
las ecuaciones de ondas no servían para explicar el efecto fotoeléctrico, así que Einstein decidió incorporar a la
ecuación de ondas las teorías de Planck, como si la luz,
además de una onda, fuese también un haz de partículas
(a las que llamó *fotones*); en este punto, Einstein estableció

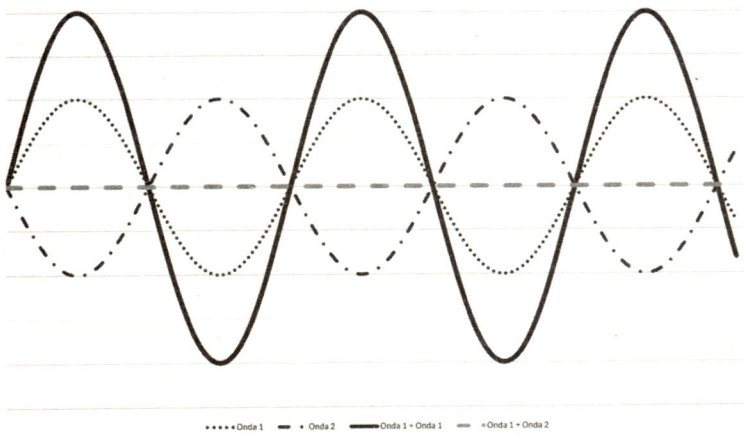

Figura 30. Onda resultante de la suma de dos ondas: cuando ambas ondas
tienen la misma fase (dos veces la onda 1 dan lugar a la onda representada
con una línea continua) y cuando tienen fases opuestas (la onda 1 y la onda
2 se cancelan mutuamente, dando lugar a la onda plana, representada en
color gris claro).

que el número de fotones es proporcional a la intensidad de luz, y que la energía de cada fotón es proporcional a la frecuencia de la onda, *f*, siendo la constante de Planck, *h*, la constante de esta proporcionalidad:

$$E = hf$$

Esta posibilidad de interpretar la luz como una partícula o como una onda, según convenga, unificó la física de la óptica (ondas) y la mecánica (partículas), algo que se perseguía desde el siglo XVII. Cabe decir que en seguida hubo detractores de esta teoría y que, en particular, **Robert Andrews Millikan** (1868-1953) se pasó diez años tratando de demostrar la falsedad del modelo;

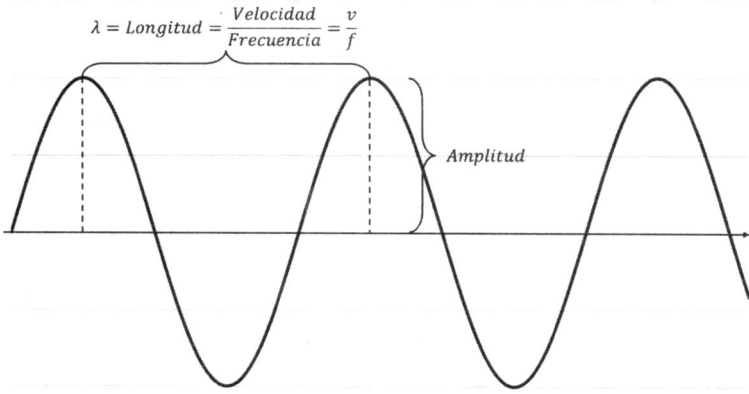

Figura 31. Evolución de una onda a lo largo del tiempo. Cuando el periodo es cero (o muy pequeño) o, equivalentemente, cuando la frecuencia es infinita (o muy grande), no se observa un movimiento ondulatorio sino una trayectoria definida, como el movimiento que describe una partícula.

el resultado de sus investigaciones confirmó la teoría de Einstein y, al mismo tiempo, le valió el premio Nobel de física en 1923.

Inspirado por el doble comportamiento de la luz, **Louis-Victor de Broglie** (1892-1987) extendió dicho modelo a todas las partículas: la dualidad partícula-onda se da siempre, y no solo en la luz; un electrón, un perro o una persona se mueven como un cuerpo y como una onda, cuya longitud λ (véanse las figuras 30 y 31) es igual a h/mv, siendo v la velocidad de desplazamiento del cuerpo y m su masa (h es, como siempre, la constante de Planck). De este modo, una persona de 72 kilogramos de peso que está paseando a una velocidad de 5 kilómetros por hora (o 5/36 metros por segundo, en unidades del sistema internacional) está realizando un movimiento ondulatorio de longitud $\lambda = \frac{h}{72 \times \frac{5}{36}} = \frac{h}{10} \approx 6.63 \times 10^{-35}$ metros, con lo cual no percibimos el paseo como un deambular ondulatorio y vemos solo la trayectoria *particular* que describe esa persona durante su paseo. En cambio, un electrón (cuya masa es de unos $9{,}11 \times 10^{-31}$ kilogramos) que viaje a un 10 % de la velocidad de la luz (que en unidades del sistema internacional es igual a 3×10^8 metros por segundo) se comportará como una onda de longitud $\lambda \approx 24{,}26 \times 10^{-12}$ metros o, equivalentemente, unos 24,26 picómetros; una longitud de onda muy pequeña, pero observable; cuanto menor sea la masa (y la mayor velocidad de desplazamiento) de una partícula, mayor será la longitud de onda y, por tanto, más fácilmente veremos el movimiento ondulatorio frente al movimiento *particular*, aunque ambos coexistan. Y lo más interesante de todo es que los ensayos realizados para refutar la fórmula $\lambda = \frac{h}{mv}$ no hicieron más que corroborar su validez, como los ensayos de Millikan frente a $E = hf$.

La constante de Planck estaba triunfando en el mundo cuántico. ¡El infinito, y los movimientos infinitamente pequeños no existen!

Ya todo estaba listo para atacar el siguiente problema: ¿Cuál es la ecuación que describe el movimiento ondulatorio de cualquier partícula? En la mecánica clásica, las leyes de Newton (y, en particular, la segunda ley de Newton, que establece que la suma de fuerzas que actúan sobre un objeto es igual a su masa por la aceleración, lo que explica que, en ausencia de fuerzas, un objeto conservará su velocidad indefinidamente) bastaban para describir las ecuaciones del movimiento de un objeto; y **Erwin Schrödinger** (1887-1961) se propuso obtener las ecuaciones equivalentes para describir el movimiento cuántico de las ondas-partículas. Aunque su formulación y justificación está más allá del objetivo de este libro, las propiedades más destacables de las funciones que describen el movimiento de una onda-partícula son las siguientes:

- Las funciones que indican la posición de la partícula en el plano tridimensional (x, y, z) en función del tiempo, $\Psi(x, y, z, t)$, son solución de la siguiente ecuación en derivadas parciales:

$$\frac{ih}{2\pi}\frac{\partial \Psi}{\partial t} = \frac{h^2}{8\pi^2 m}\left(\frac{\partial^2 \Psi}{\partial^2 x^2} + \frac{\partial^2 \Psi}{\partial^2 y^2} + \frac{\partial^2 \Psi}{\partial^2 z^2}\right) + V\Psi,$$

donde $i = \sqrt{-1}$ es la base de los números complejos, m es la masa de la partícula y V es su energía potencial.

- Para describir un sistema formado por diversas partículas existen formulaciones análogas, aunque no se basan en el tiempo y la posición, sino en el tiempo y el momento

$$p = \frac{mv}{\sqrt{1 - \frac{v^2}{c^2}}}$$

(m es la masa del sistema, v su velocidad y c es la velocidad de la luz).

- El principio de incertidumbre que postuló **Werner Heisenberg** (1901-1976) establece que en un instante dado, t_0, nunca se podrá conocer con exactitud la posición $\vec{x} = (x, y, z)$ y el momento p de un sistema a la vez; de hecho, posición y momento son variables aleatorias, cuyas desviaciones estándar $\Delta\vec{x}$ y Δp cumplen la desigualdad $\Delta\vec{x} \, \Delta p \geq \frac{h}{4\pi}$, siendo h la constante de Planck. Por tanto, cuanto más precisamente se conozca la posición de un objeto, menos información tendremos acerca de su momento, y viceversa.

- Las funciones Ψ que son solución de la ecuación de Schrödinger, en realidad, no proporcionan con exactitud la trayectoria que seguirá una partícula a lo largo del tiempo, sino que, en un momento dado t_0 dado, para cada valor de x, de y y de z

obtenemos un valor $\Psi(x, y, z, t_0)$. Asimismo, por el principio de incertidumbre de Heisenberg, si logramos determinar la localización exacta de un sistema en un instante dado t_0, no tendremos ni idea de su momento.

- Por la característica de la ecuación de Schrödinger, si Ψ_1 y Ψ_2 son dos soluciones de la ecuación, entonces también lo es $\Psi_1 + \Psi_2$.

Teniendo en cuenta estas características, la pregunta es ¿Para qué sirven las funciones de onda Ψ? Y en esta pregunta está la clave del multiverso. Abróchense los cinturones, porque vamos a utilizar el mundo cuántico (en el cual el infinito no existe, recordémoslo), para descubrir un número infinito de universos.

En 1926, **Max Born** (1882-1970) demostró que, matemáticamente, las funciones $|\Psi(x, y, z, t)|^2$ eran funciones de densidad de probabilidad, lo que daba por primera vez una interpretación de las soluciones de la ecuación de Schrödinger: la probabilidad de encontrar una cierta partícula en una cierta región R del espacio se calcula como $\int_R |\Psi(x, y, z, t)|^2 dx dy dz$. Por tanto, no sabemos calcular exactamente dónde encontraremos una cierta partícula, pero sí en qué región es más probable que esté. De hecho, esta interpretación abrió la puerta a la afirmación «una partícula puede estar en cualquier parte, solo que en algunos sitios es más probable que esté que en otros», lo cual no podía ser concebible en la mente de Einstein, que era más determinista: la física cuántica no puede terminarse en un cálculo de probabilidades; debe de haber un paso más por andar, algunas variables más por añadir, hasta que el conocimiento nos sea revelado totalmente; no puede ser que las leyes de la naturaleza jueguen a los dados (llámenle naturaleza, llámenle Dios). Pero la realidad era todavía peor: los modelos decían que una partícula podía estar en un lugar, y que también podía estar en otro lugar, con lo cual, gracias a la propiedad matemática de las funciones Ψ, si una solución de la ecuación de Schrödinger dice que una partícula puede estar en un lugar en un instante dado t_0 y otra solución dice que la partícula puede estar en otro lugar en el instante dado t_0, entonces la función que dice que la partícula puede estar en el primer lugar y en el segundo en el mismo instante t_0 también es una solución de las ecuaciones, es decir, una partícula puede estar en distintos lugares al mismo tiempo, aunque, al momento de observarla, la encontraremos en uno de los dos lugares. Parece extraño, pero la conclusión es matemáticamente exacta: cualquier objeto estará en la luna y en la tierra al mismo tiempo; pero si lo buscas en la tierra no lo encontrarás en la luna, y viceversa. Este fenómeno de *superposición cuántica* explica diversos fenómenos que, de otro modo, serían inexplicables: Por un lado, los cuerpos tienen comportamiento de partícula y de onda a la vez, pero cuando los observamos solo vemos uno de ellos, igual que una partícula encerrada en una caja estará en todos los lugares de dentro a la vez, excepto cuando abramos la caja para observar dónde está: en ese momento,

Fotografía de los asistentes, en 1927, a la quinta conferencia Solvay «Sobre electrones y fotones», en la que se discutió a fondo (y a veces, acaloradamente) sobre la recientemente creada teoría cuántica. De izquierda a derecha y de arriba abajo: Piccard, Henriot, Ehrenfest, Herzen, de Donder, Schrödinger, Verschaffelt, Pauli, Heisenberg, Fowler, Brillouin (primera fila), Debye, Knudsen, Bragg, Kramers, Dirac, Compton, de Broglie, Born, Bohr (segunda fila), Langmuir, Planck, Curie, Lorentz, Einstein, Langevin, Guye, Wilson y Richardson.

la partícula estará en un lugar concreto de la caja. Por otro lado, dos partículas que hayan estado en contacto se habrán transmitido ciertas propiedades, y mantendrán esa «conexión» incluso cuando estén muy alejadas entre sí, de forma que lo que le ocurra a una afectará a la otra (este efecto, que Einstein observó y calificó de «acción a distancia horripilante», para distinguirlo de otras acciones a distancia, como la atracción gravitatoria, se conoce como *entrelazamiento cuántico*).

Y, finalmente, la conclusión más apasionante para los seguidores del mundo Marvel: ¡el multiverso existe! En el mismo instante coexisten infinitas realidades, infinitas versiones de cada partícula y de cada ser, aunque nosotros, que observamos este mundo, solo vemos este mundo; y lo mismo sucede con los habitantes del resto de universos: como solamente observan sus universos, solamente ven un universo. Por cierto, si alguien tiene la intención de encontrarse con algún otro de sus «yo» viviendo en otro universo, las ecuaciones de Schrödinger aseguran que solamente lo conseguirá si las dos versiones observan el fenómeno desde el mismo punto de vista, lo que conlleva que ninguno de los dos podría tener recuerdos distintos, lo cual se logra solamente borrando del todo la memoria de ambos; si alguno de los dos conservara algo de memoria entonces ambos «yoes» no se encontrarían en el mismo espacio, porque esa memoria les haría observadores distintos y, al ver cosas distintas, estarían en mundos distintos. De este modo, en caso de mezcla entre alguien y uno de sus *alter ego*, la amnesia necesaria provocaría que ninguno de los dos se diera cuenta de ello o, alternativamente, que nadie creyera las explicaciones de una persona amnésica explicando historias de fusión con su otro yo.

La «magia» de la mecánica cuántica y de las ecuaciones de Schrödinger es que abrieron la puerta a un conocimiento que, hasta ese momento, estaba oculto a nuestra comprensión: el infinito existe, y tiene lugar ahora mismo a nuestro alrededor, aunque no lo veamos. Lo más paradójico de todo ello es que, partiendo de que el infinito no existe, se ha desarrollado un modelo que demuestra que el infinito existe y está en todas partes.

A modo de conclusión...

Si hay una cosa clara acerca del infinito es que, en realidad, no existe.

Perdón, quise decir que, si hay una cosa clara acerca del infinito es que, en realidad, el infinito existe.

Mejor dicho: si hay una cosa clara acerca del infinito es que, en realidad, a lo largo de la historia ha habido opiniones opuestas respecto a su existencia real. Posiciones enfrentadas de forma más o menos radical, según las épocas y las personas, quienes han expresado sus argumentos para concluir que su punto de vista era el correcto. Pocos han sabido moverse entre la dualidad del infinito, como ente real y como concepto teórico, aplicando en cada momento la definición más conveniente a sus intereses. Quizá se haya tachado a estos pensadores de demasiado pragmáticos, incapaces de tomar partido por una opción u otra y han sido menospreciados por ambas partes.

Y quizá sea precisamente la capacidad de observar el infinito bajo distintos puntos de vista lo que puede hacer avanzar las matemáticas: cuando necesito un infinito real, porque estoy dibujando en perspectiva, me conviene saber que el infinito existe y, además, puedo situarlo donde quiera. Pero para Max Planck, igual que para Zenón con sus paradojas, la existencia de lo infinitamente pequeño no encaja en sus modelos de explicación del mundo físico. Por tanto, el modelo de naturaleza que eligieron, porque encajaba mejor con sus experimentos y su comprensión del mundo físico, es aquel en que no existe el continuo. En definitiva, no existe lo infinitamente pequeño: dados dos números cualesquiera, no hay una cantidad infinita de números entre ellos dos. Es como si, en los ríos, Planck y Zenón (cada uno desde su perspectiva histórica, por supuesto) hubieran observado que la naturaleza no construye puentes, sino que coloca piedras, de forma que la única manera de cruzar es dando saltos de piedra en piedra.

Pero, claro, aunque los puentes sean una construcción humana, una entelequia, si tienes la oportunidad de utilizar uno para cruzar un río, ¿quién perdería el tiempo buscando un camino de piedrecitas, por muy *natural* que fuera?

Así que, de acuerdo, el infinito no existe. Quiero decir que sí, que es real, que está entre nosotros, aunque no lo veamos. Quizá sea una cuestión de fe y creer en la existencia de un infinito sea equivalente a creer en la existencia de un Dios infinitamente poderoso, infinitamente bondadoso, como creía santo Tomás de Aquino. Tal ha sido el debate sobre el infinito que ha arrastrado a filósofos, teólogos y matemáticos de todas las épocas. Y, una vez más, ha habido buenas razones para adoptar cualquiera de las dos posturas.

Podríamos seguir el debate hasta el infinito (nunca mejor dicho), pero estoy convencido de que el lector habrá sacado ya sus propias conclusiones y se habrá posicionado a favor o en contra de la existencia del infinito, del continuo, de los infinitésimos y de todo un arsenal de conceptos desarrollados y por desarrollar en un futuro. Yo, por mi parte, me mantendré en la tercera vía, tomando lo mejor de cada visión, en ese confortable «sí pero no» o «no pero sí» que me permite seguir adelante entre contradicciones.

Aunque, si hacemos caso de la física cuántica, quizás la pregunta no importe tanto porque, aunque haya infinitos universos, en la realidad (observada) solo va a existir uno, medible y finito. ¿Seguro? Yo, por si acaso, abandono en este punto el universo de la escritura esperando haber generado una realidad de posibilidades infinitas entre los lectores. ¡Gracias por leerme!

Apéndices

Cálculos y demostraciones

1. El número 1/4 pertenece al conjunto de Cantor

Existen como mínimo dos formas de demostrar que 0,25 es un número de Cantor. La primera se basa en la técnica de cambio de base que utilizó el propio Cantor para comprobar que su conjunto era no numerable. Si nos fijamos en los números utilizados para los cortes, observaremos en el primer corte que hemos eliminado los números entre 1/3 y 2/3, es decir, todos aquellos que en su expresión en base 3 tienen un 1 como primera cifra después de la coma; a la izquierda quedan los números cuya primera cifra después de la coma es un 0 (estos pasan el primer corte) y a la derecha tenemos los números cuya primera cifra es un 2 (estos también pasan el primer corte). Hay que tener en cuenta que, en base 3, 1/3 se puede escribir como $0,\widehat{2} = 0,222...$

En el segundo corte, en cada uno de los dos segmentos que han pasado el primer corte, eliminamos, precisamente, los números cuya expresión en base 3 tiene un 1 como segunda cifra despúes de la coma. Igualmente, en el tercer corte se eliminan los números cuya expresión en base 3 tiene un 1 como tercera cifra despúes de la coma y así sucesivamente.

En el segundo corte, en cada uno de los dos segmentos que han pasado el primer corte, eliminamos, precisamente, los números cuya expresión en base 3 tiene un 1 como segunda cifra despúes de la coma. Igualmente, en el tercer corte se eliminan los números cuya expresión en base 3 tiene un 1 como tercera cifra despúes de la coma y así sucesivamente.

Por tanto, para demostrar que 0,25 pertenece al conjunto de Cantor, basta con observar que 0,25, en base 3, se escribe como $0,\widehat{2} = 0,020\ 202...$; en efecto, la expresión anterior es equivalente a $0 + 0 + 2/3^2 + 0 + 2/3^4 + 0 + 2/3^6 + ...$, o sea,

$$\sum_{i=1}^{\infty} \frac{2}{3^{2i}} = 2 \times \sum_{i=1}^{\infty} \frac{1}{9^i}.$$

Al tratarse de una progresión geométrica de razón 1/9, la suma anterior da como resultado

$$2 \times \frac{\dfrac{1}{9} - 0}{1 - \dfrac{1}{9}} = 2 \times \frac{\dfrac{1}{9}}{\dfrac{8}{9}} = \frac{2}{8} = 0,25$$

(la igualdad

$$\sum_{i=1}^{n} k^i = \frac{1 - k^{n+1}}{1 - k}$$

se puede demostrar por inducción y luego solo es cuestión de tomar el límite cuando $n \to \infty$).

Como no hay ningún 1 en el desarrollo en base 3 de 0,25, por tanto, la conclusión es que 0,25 pertenece al conjunto de Cantor.

Otra demostración posible consiste en observar que, al construir el i-ésimo conjunto de Cantor, E_i, estamos eliminando, de cada segmento del conjunto E_{i-1}, el tercio que está en una posición par (no el 3.º ni el 1.º, sino el 2.º). Observemos ahora las potencias de 3 que marcan el límite entre los segmentos que elegimos y los que descartamos en cada E_i:

- E_i consiste en los intervalos [0, 1/3] y [2/3, 1]; hemos elegido los segmentos que empiezan con un número par en el numerador y hemos rechazado los que empiezan con un número impar, es decir, (1/3, 2/3).
- E_2 consiste en los intervalos [0, 1/9], [2/9, 1/3], [2/3, 7/9] y [8/9, 1]; hemos elegido, como antes, los intervalos que empiezan con un número par en el numerador y hemos rechazado los que empiezan con un número impar, es decir, (1/9, 2/9) y (7/9, 8/9).

Por tanto, solo es necesario demostrar que 1/4 estará dentro del intervalo tipo

$$\left[\frac{2k_i}{3^i}, \frac{2k+1}{3^i} \right],$$

$\forall_i \in \mathbb{N}$, o sea, debemos ser capaces de demostrar que $\forall_i \in \mathbb{N} \ \exists k_i \in | \ 2k_i/3^i \le 1/4 \le (2k_i + 1)/ \ 3^i$, esto es, $8k_i \le 3^i \le 8k_i + 4$.

Si estudiamos las potencias de 3 módulo 8, es decir, si examinamos cuál es el resto de dividir las potencias de 3 entre 8, observamos lo siguiente:

- $3^0 = 1 \equiv 1 \ (mod \ 8)$,
- $3^1 = 3 \equiv 3 \ (mod \ 8)$,
- $3^2 = 9 \equiv 1 \ (mod \ 8)$,
- $3^3 = 27 \equiv 3 \ (mod \ 8)$,
- Etcétera.

Es decir, o bien $3^i = 8k_i + 1$, o bien $3^i = 8k_i + 3$, para algún número natural k_i. En ambos casos se cumplen las desigualdades anteriores y, por tanto, podemos concluir que $1/4 \in C$.

2. Cambios de base para números reales

Para calcular la expresión de un número natural n en una cierta base b, utilizamos la igualdad

$$n = \sum_{i=0}^{\infty} a_i b^i$$

(la suma infinita se entiende como una forma de asegurar que tendremos en cuenta todas las posibilidades, aunque, de hecho, la suma es finita para cualquier número n y cualquier base b) y a partir de ahí vamos encontrando las cifras ai mediante un proceso iterativo de división entre b; la expresión de la parte decimal de un número real r se obtiene mediante multiplicaciones sucesivas por b. El procedimiento es como sigue:

- Sea $r \in [0,1]$ el número que se desea convertir y sea b la nueva base. Queremos encontrar el conjunto de cifras $\{a_1, a_2, ..., a_i, ...\}$, $a_i \in [0, b-1]$ tales que

$$r = \sum_{i=1}^{\infty} a_i / b^i.$$

- Calculamos

$$r = b = a_1 + \sum_{i=2}^{\infty} a_i / b^{i-1}.$$

Está claro que la parte entera de $r \times b$ es igual a a_1, mientras que el sumatorio será en general menor que 1 (a no ser que $a_2 = a_3 = b - 1$, en cuyo caso la suma infinita daría exactamente 1 y, por tanto, la expresión de r en la base b sería $r = 0, \{a_1 + 1\}$, o bien $r = 1,0$ si $a_1 = b_1 - 1\}$). Por tanto, ya tenemos la primera cifra después de la coma, que no es otra que la parte entera de $r \times b$.

- Calculamos ahora $r \times b - a_1$ y volvemos al paso anterior, es decir, multiplicamos el resultado por b.

En los números reales el proceso puede ser, en efecto, infinito, igual que en la base 10, en la que nos encontramos con números cuyas cifras decimales no terminan nunca, ya sean de forma periódica como $1/3 = 0,\hat{3}$, como de forma no periódica como $e = 2,718\ 281\ 828\ 459...$

La tabla adjunta muestra el proceso seguido para determinar la expresión en base 2 del número $r = 0,123\ 415$, que tiene 54 decimales. Procediendo de igual modo, se puede comprobar que el número $r = \underline{0,2}$ es periódico cuando lo expresamos en base 3: $r = 0,\overline{0121}$.

3. El teorema de Cantor-Bernstein-Schröder

En este apartado vamos a demostrar constructivamente
el teorema de Cantor-Bernstein-Schröder:

Dados dos conjuntos, x e y, si existe una función
$f: x \to y$ inyectiva y a su vez existe una función $g: y \to x$
también inyectiva, entonces existe una función $h: x \to y$
biyectiva.

La demostración no es trivial. De hecho, vamos a utilizar el lema sobre puntos fijos que Knaster y Tarsk_i for-
mularon en 1928:

Lema: sea x un conjunto y sea $\mathcal{P}(x) \to \mathcal{P}(x)$ una
función que preserva la relación de inclusión, esto es,
$u \subseteq v \to k(u) \subseteq (v)$. En tal caso, k tiene un punto fijo, es
decir, $\exists z \subseteq x \mid k(z) = z$.

La demostración de este lema es también construc-
tiva: tomemos el conjunto $y = \{u \in \mathcal{P}(x) \mid u \subseteq k(u)\}$ y
tomemos $z = \bigcup y$ que, por el axioma de la unión, es un conjunto. Observamos que, para cualquier $u \subseteq z$, $u \subseteq k(u)$;
como k conserva la inclusión, $k(u) \subseteq k(z)$ y, por tanto,
$\forall u \subseteq z, u \subseteq k(z)$. En particular:

$$z = \bigcup_{u \subseteq y} u \subseteq k(u).$$

Pero precisamente $z \subseteq k(z) \to k(z) \subseteq k(k(z))$, luego
$k(z) \in y$ y, por tanto, $k(z) \subseteq z$. Es decir, $k(z) = z$.

Habida cuenta del lema anterior, vamos a demostrar
que, dados dos conjuntos x e y, si existen dos funciones

Tabla 4. PROCEDIMIENTO DE CÁLCULO DE LA EXPRESIÓN DEL NÚMERO 0.123 415 EN BASE 2.

r	r*b	Parte entera	Expresión en base 2
0,123415	0,246830	0	0.0
0,246830	0,493660	0	0.00
0,493660	0,987320	0	0.000
0,987320	1,974640	1	0.0001
0,974640	1,949280	1	0.00011
0,949280	1,898560	1	0.000111
0,898560	1,797120	1	0.0001111
0,797120	1,594240	1	0.00011111
0,594240	1,188480	1	0.000111111
0,188480	0,376960	0	0.0001111110
0,376960	0,753920	0	0.00011111100
0,753920	1,507840	1	0.000111111001
0,507840	1,015680	1	0.0001111110011
0,015680	0,031360	0	0.00011111100110
0,031360	0,062720	0	0.000111111001100
0,062720	0,125440	0	0.0001111110011000
0,125440	0,250880	0	0.00011111100110000
0,250880	0,501760	0	0.000111111001100000
0,501760	1,003520	1	0.0001111110011000001
0,003520	0,007040	0	0.00011111100110000010
0,007040	0,014080	0	0.000111111001100000100
0,014080	0,028160	0	0.0001111110011000001000
0,028160	0,056320	0	0.00011111100110000010000
0,056320	0,112640	0	0.000111111001100000100000
0,112640	0,225280	0	0.0001111110011000001000000
0,225280	0,450560	0	0.00011111100110000010000000
0,450560	0,901120	0	0.000111111001100000100000000
0,901120	1,802240	1	0.0001111110011000001000000001
0,802240	1,604480	1	0.00011111100110000010000000011
0,604480	1,208960	1	0.000111111001100000100000000111
0,208960	0,417920	0	0.0001111110011000001000000001110
0,417920	0,835840	0	0.00011111100110000010000000011100
0,835840	1,671680	1	0.000111111001100000100000000111001
0,671680	1,343360	1	0.0001111110011000001000000001110011
0,343360	0,686720	0	0.00011111100110000010000000011100110
0,686720	1,373440	1	0.000111111001100000100000000111001101
0,373440	0,746880	0	0.0001111110011000001000000001110011010
0,746880	1,493759	1	0.00011111100110000010000000011100110101
0,493759	0,987518	0	0.000111111001100000100000000111001101010
0,987518	1,975037	1	0.0001111110011000001000000001110011010101
0,975037	1,950073	1	0.00011111100110000010000000011100110101011
0,950073	1,900146	1	0.000111111001100000100000000111001101010111
0,900146	1,800293	1	0.0001111110011000001000000001110011010101111
0,800293	1,600586	1	0.00011111100110000010000000011100110101011111
0,600586	1,201172	1	0.000111111001100000100000000111001101010111111
0,201172	0,402344	0	0.0001111110011000001000000001110011010101111110
0,402344	0,804688	0	0.00011111100110000010000000011100110101011111100
0,804688	1,609375	1	0.000111111001100000100000000111001101010111111001
0,609375	1,218750	1	0.0001111110011000001000000001110011010101111110011
0,218750	0,437500	0	0.00011111100110000010000000011100110101011111100110
0,437500	0,875000	0	0.000111111001100000100000000111001101010111111001100
0,875000	1,750000	1	0.0001111110011000001000000001110011010101111110011001
0,750000	1,500000	1	0.00011111100110000010000000011100110101011111100110011
0,500000	1,000000	1	0.000111111001100000100000000111001101010111111001100111
0,000000	0,000000	0	(FIN)

inyectivas $f: x \to y$ y $g: y \to x$, entonces existe una función biyectiva $h: x \to y$:

Definamos primero la función $k: \mathcal{P}(x) \to \mathcal{P}(x)$ de forma que a cada subconjunto $c \subseteq x$ le asigna $k(c) = x \setminus img_{y \setminus img_c(f)}(g)$. O sea, dado c, primero tomamos el conjunto formado por las imágenes de los elementos de c, $img_c(f)$; a continuación seleccionamos los elementos de y que no pertenecen a la $img_c(f)$ y sobre estos elementos aplicamos la función g para obtener el conjunto de imágenes $img_{y \setminus img_c(f)}(g)$. Finalmente, nos quedamos con los elementos de x que no forman parte del conjunto anterior.

Veamos que la función k así definida conserva el orden; sean $c, d \in \mathcal{P}(x) \mid c \subseteq d$:

1. $img_c(f) \subseteq img_d(f) \subseteq: t \in img_c(f) \to \exists r \in c \mid f(r) = t$; como $c \subseteq d$, tenemos que $r \in d$, luego $t \in img_c(f)$ $\to \exists r \in d \mid f(r) = t$, o sea, $t \in img_c(f) \to t \in img_d(f)$.

2. $y \setminus img_d(f) \subseteq y \setminus img_c(f): t \in y \setminus img_d(f) \ \forall r \in v \mid f(r) \neq t$; como $c \subseteq d$ y la implicación anterior afecta a todos los elementos de d, en particular, a todos los elementos de c, luego $t \in y \setminus img_d(f) \to \forall r \in u \mid f(r) \neq t$ $\to t \in y \setminus img_c(f)$.

3. Razonando de forma análoga a (1) partiendo de (2) tenemos que $img_{y \setminus img_d(f)}(g) \subseteq img_{y \setminus img_c(f)}(g)$.

4. Finalmente, siguiendo el mismo razonamiento que en (3), tenemos que $x \setminus img_{y \setminus img_c(f)}(g) \subseteq x \setminus img_{y \setminus img_d(f)}(g)$, o sea, $k(c) \subseteq k(d)$.

Por tanto, como k conserva el orden, podemos aplicar el lema anterior para saber que existe un conjunto z tal que $k(z) = z$. Ya podemos construir la función biyectiva h: $x \to y$ que demostrará el teorema de Cantor-Bernstein-Schröder:

$$h(t)=\begin{cases} f(t), \text{ si } t \in z \\ g^{-1}(t), \ y \in x \setminus z \end{cases}$$

Al ser z un conjunto fijo por k, tenemos que todo elemento de z pertenece al conjunto $x \setminus img_{y \setminus img_c(f)}(g)$ para algún $c \in x$, luego $x \setminus z$ será un elemento de $img_{y \setminus img_c(f)}(g)$ y, por tanto, al ser g inyectiva, estará bien definida la función $g^{-1}(t)$ para todos los elementos de $x \setminus z$ ($g^{-1}(t)$ identifica el único elemento $r \in y$ tal que $g(r) = t$).

Vamos a comprobar que $h: x \to y$ es una función biyectiva, es decir, que es inyectiva y que es sobreyectiva:

1. Vamos a tomar $h: x \to y$, que es inyectiva. Sean $t, r \in x \mid h(t) = h(r)$; puede ser que t y r sean del conjunto z, que ninguno de los dos lo sea o que uno sí y otro no:
   - Si $t \in z \wedge r \in z$, entonces $h(t) = f(t) \wedge h(r) = f(r)$, luego $f(t) = f(r)$; por ser f inyectiva, necesariamente $t = r$.
   - Si $t \in x \setminus z \wedge r \in x \setminus z$, entonces $h(t) = g^{-1}(t) \wedge h(r) = g^{-1}(r)$, luego $g^{-1}(t) = g^{-1}(r)$, o sea, $g\left(g^{-1}(t)\right) = g\left(g^{-1}(r)\right)$, es decir, $t = r$.
   - Si $t \in z \wedge r \in x \setminus z$, entonces $f(t) = h(t) = h(r) = g^{-1}(r)$; por un lado, $g^{-1}(r) = h(t) \in img_z(f)$, o sea, $\exists!m \in y \setminus img_z(f) \mid g(m) = r$ y, por otro lado, como

$r \in x \backslash z$ y $k(z) = z$, tenemos que $r \in img_{y \backslash img_z(f)}(g)$ luego $\exists! m \in y \backslash img_z(f) | g(m) = r$, lo cual es una contradicción.

2. Veamos ahora que $h: x \rightarrow y$ es sobreyectiva, esto es, que $\forall m \in y \ \exists t \in x \backslash h(t) = y$. Distinguimos dos casos:

   - Si $m \in img_z(f)$, entonces $\exists x \in z \backslash f(t) = m$, luego precisamente $h(t) = m$.

   - Si $m \in y \backslash img_z(f)$, entonces tomemos $t = g(m)$; está claro que $t \in img_{y \backslash img_z(f)}(g)$, luego $t \in x \backslash z$. De esta manera, $h(t) = g^{-1}(t) = m$.

4. Los axiomas de especificación y del par en el sistema ZF

«No he fracasado 700 veces. Más bien he tenido éxito al demostrar de 700 maneras distintas cómo no fabricar una bombilla»
(T. A. EDISON, 1877).

Para los que hayan acometido la demostración de los axiomas de especificación y del par a partir del sistema axiomático ZF: ¡felicidades! Tanto si el resultado ha sido positivo como negativo (como le pasó a Cantor, a Zermelo, a Fraenkel y a tantos otros en la historia), seguro que habéis profundizado en el estudio de las matemáticas. La demostración que sigue no tiene por qué coincidir con la vuestra, por descontado, y esa es una de las maravillas del quehacer matemático. Y, si simplemente os mueve la curiosidad, también felicidades por llegar aquí.

Demostración del axioma de especificación

Sea ψ una fórmula con una variable y sea $\varphi(x, y)$ definida por $\left(x = y \wedge \psi(y)\right)$. Está claro que φ es funcional, puesto que si $\varphi(x, y) = \varphi(x, y)$, entonces, $x = y$ y $x = t$, luego $y = t$. Podemos, por tanto, aplicar el axioma de reemplazo: $\exists c\Big(\forall y\big(\exists t\big(t \in x \wedge \varphi(t,y)\big)\big)\leftrightarrow(y \in c)\Big)$, o sea, $\exists c\Big(\forall y\big(\exists t\big(t \in x \wedge t = y \wedge \psi(y)\big)\big)\leftrightarrow(y \in c)\Big)$ o, lo que es lo mismo, $\exists c\Big(\forall y\big(y \in x \wedge \psi(y)\big)\leftrightarrow(y \in c)\Big)$, que es el axioma de especificación.

Demostración del axioma del par

Dados dos conjuntos, x e y, hay que hallar la forma de crear un conjunto z cuyos elementos sean precisamente $\{x, y\}$.

Tomemos la fórmula $\varphi(a, b)$ definida como $(a = \varnothing \wedge b = x) \vee (a = \{\varnothing\} \wedge b = y)$. Tomemos ahora el conjunto $v = \{\varnothing, \{\varnothing\}\}$ (sabemos que este conjunto existe gracias a los axiomas del vacío y del conjunto potencia, ya que $v = \mathcal{P}\big(\mathcal{P}(\varnothing)\big)$). Sobre este v, la fórmula φ es funcional porque, tanto para $a = \varnothing$ como para $a = \{\varnothing\}$, si $\varphi(a, b) = \varphi(a, d)$, entonces, o bien simultáneamente $b = x$ y $x = d$, o bien simultáneamente $b = y$ e $y = d$. De este modo, aplicando el esquema de reemplazo, tenemos que $\exists z\Big(\forall b\big(\exists t\big(t \in v \wedge \varphi(t,b)\big)\big)\leftrightarrow(b \in z)\Big)$, es decir, $\exists z\Big(\forall b\big(\varphi(\varnothing,b) \vee \varphi(\{\varnothing\},b)\big)\leftrightarrow(b \in z)\Big)$ o, lo que es lo mismo, $\exists z\Big(\forall b\big(b = x \vee b = y\big)\leftrightarrow(b \in z)\Big)$. Está claro que esta última expresión es equivalente a $\exists z = \{x, y\}$.

5. Cálculo de la superficie de un tronco cónico

La superficie lateral s de un cono recto de altura h, cuya base circular tiene radio R, es $s = \pi R \sqrt{R^2 + h^2}$. Para comprobarlo, basta con observar que el desarrollo plano de dicho cono no es más que un sector circular de radio $g = \sqrt{R^2 + h^2}$ y longitud de arco $2\pi R$, con lo cual $s = \pi g^2 \frac{2\pi R}{2\pi g}$ $= \pi R g$.

A partir de la fórmula anterior, es fácil comprobar que la superficie lateral de un tronco cónico de altura h y radios R_1 y R_2 se obtiene restando la superficie lateral de un cono recto de altura a y radio R_2 a la superficie lateral de un cono recto de altura $h + a$ y radio R_1, como el de la figura 32. En efecto:

$$s = \pi \left(R_1 \sqrt{R_1^2 + (h+a)^2} - R_2 \sqrt{R_2^2 + a^2} \right)$$

Teniendo en cuenta las semejanzas de triángulos, se cumplen las igualdades

$$\frac{R_1 - R_2}{h} = \frac{R_2}{a} \text{ y } \frac{R_1}{h+a} = \frac{R_1 - R_2}{h}.$$

De la primera igualdad se deduce que a $= \frac{R_2 h}{R_1 - R_2}$ y que $h + a = \frac{R_1 h}{R_1 - R_2}$. Aplicando las igualdades a la fórmula de la superficie lateral, tenemos que

$$s = \frac{\pi}{R_1 - R_2}\left(R_1\sqrt{R_1^2(R_1-R_2)^2 + R_1^2 h^2} - R_2\sqrt{R_1^2(R_1-R_2)^2 + R_1^2 h^2}\right) =$$

$$= \frac{\pi}{R_1 - R_2}\left(R_1^2\sqrt{(R_1-R_2)^2 + h^2} - R_2^2\sqrt{(R_1-R_2)^2 + h^2}\right) =$$

$$= \frac{\pi(R_1^2 - R_2^2)}{R_1 - R_2}\sqrt{(R_1-R_2)^2 + h^2}$$

o sea, $s = \pi(R_1 + R_2)\sqrt{(R_1-R_2)^2 + h^2}$

En particular, si tenemos un tronco cónico como el de la figura 33 y asumiendo que cuando $dx \to 0$, tenemos que $f(x - dx) = f(x) - f(x)dx$ (lo cual se desprende de la

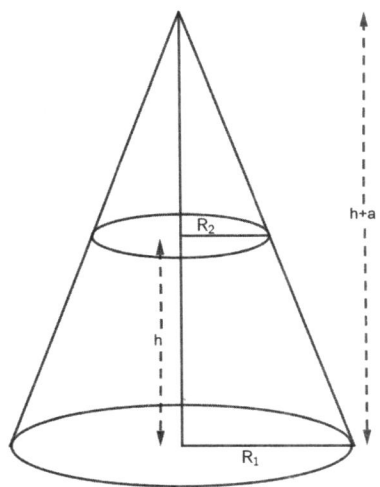

Figura 32. Tronco có-
nico de radios R_1 y R_2, y
altura h como parte de
un cono de altura $h + a$
y radio R_1.

L'

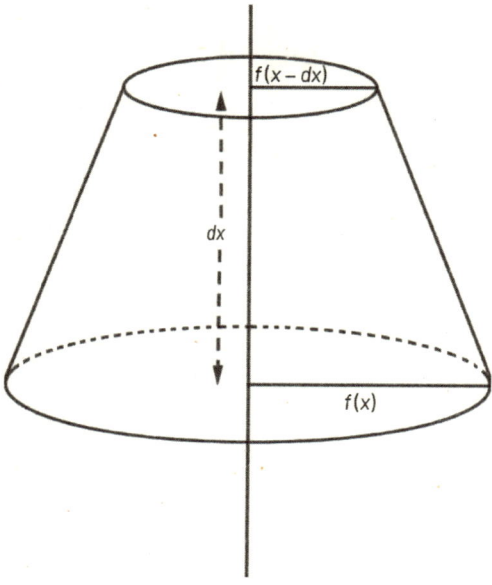

Figura 33. Tronco
cónico de altura
infinitésima.

definición de derivada, es decir, $f'(x) = \lim\limits_{dx \to 0} \frac{f(x)-f(x-dx)}{dx}$);
entonces la superficie lateral de dicho tronco cónico de
altura infinitésima será

$$s = \pi\left(f(x)+f(x)-f'(x)dx\right)\sqrt{\left(f'(x)dx\right)^{2}+dx^{2}},$$

o sea, tomando dx fuera de la raíz y separando los su-
mandos, $s = 2\pi f(x)\sqrt{f'(x)^{2}+1}\,dx + \pi f(x)\sqrt{f'(x)^{2}+1}\,dx^{2}$.

Teniendo en cuenta que el segundo sumando es un
infinitésimo de orden inferior al del primer sumando, podemos aplicar un razonamiento análogo al del apartado
1.3 para determinar que, a medida que $dx \to 0$, el segundo sumando se vuelva negligible. Así, la superficie de un

tronco de cono de altura infinitésima dx cuya generatriz viene dada por $f(x)$ será igual a $2\pi f(x)\sqrt{f'(x)^2+1}\,dx$.

Por si algún lector se pregunta cuál sería la fórmula para calcular el volumen de un tronco cónico de altura h y radios R_1 y R_2, la respuesta es $v=\dfrac{\pi h}{3}(R_1^2+R_2^2+R_1R_2)$; asimismo, razonando de un modo análogo al cálculo de la superficie lateral, el volumen de un tronco cónico de altura infinitésima dx y radios $f(x)$ y $f(x+h)$ es igual a $\pi f(x)^2\,dx$.

Premios Nobel de física cuántica

Desde la instauración de los premios Nobel de física en 1901, la academia sueca ha concedido el premio en 8 ocasiones por trabajos directamente relacionados con la física cuántica. La siguiente tabla contienen la lista y el motivo oficial de concesión del premio. ¿Veremos en el futuro a alguno de los lectores en la lista?

Año	Premiado	Motivo
1918	Max Plank	«por las aportaciones que realizó en favor al avance de la física, debido a sus descubrimientos sobre los cuantos de energía»
1921	Albert Einstein	«por sus aportaciones a la física teórica y, especialmente, por el descubrimiento de la ley del efecto fotoeléctrico»
1923	Robert Andrews Millikan	«por su trabajo sobre la carga elemental de la electricidad y sobre el efecto fotoeléctrico»
1929	Louis-Victor de Broglie	«por el descubrimiento de la naturaleza ondulatoria de los electrones»
1932	Werner Heisenberg	«por la creación de la mecánica cuántica, cuya aplicación tiene, entre otras cosas, el estudio y descubrimiento de las formas alotrópicas del hidrógeno»
1933	Erwin Schrödinger Paul Dirac	«por el descubrimiento de nuevas formas productivas de la teoría atómica»

1954	Max Born	«por sus investigaciones fundamentales sobre la mecánica cuántica y, especialmente, por su interpretación estadística acerca de la función de ondas»
1965	Richard Feynman Julian Schwinger Shin'ichirō Tomonaga	«por su trabajo fundamental en electrodinámica cuántica, generando consecuencias profundas para el desarrollo de la física de partículas elementales»

Un cronograma de amigos y enemigos del concepto de infinito

CRONOGRAMA		
¿El infinito es real?		
Sí	Tal vez	No
Anaximandro (610ac - 545ac)		Tales de Mileto (628ac - 546ac)
		Zenón de Elea (490ac - 430ac)
		Platón (427ac - 347ac)
Eudoxo (390ac - 337ac)		Aristóteles (384ac - 322ac)
		Euclides (323ac - 285ac)
		Arquímedes (287ac - 212ac)
		Herón de Alejandría (10 - 75)
		Claudio Ptolomeo (100 - 170)
	Pappus de Alejandría (290 - 350)	
	Hypatia de Alejandría (360 - 415)	
	Muhammad al-Khwariz-mi (780 - 850)	
Banu Musa (800 - 870)		

¿El infinito es real?		
Sí	**Tal vez**	**No**
Thábit ibn Qurra (826 - 901)		
		Ibn Rochd (1126 - 1198)
Robert Grosseteste (1165 - 1253)		
		Tomás de Aquino (1225 - 1274)
Thomas Bradwardine (1300 - 1349)		
Nicolás Oresme (1320 - 1382)		
Filippo Brunelleschi (1377 - 1446)		
Blaise Pascal (1623 - 1662)		John Wallis (1616 - 1703)
		Isaac Newton (1642 - 1727)
	Gottfried Leibniz (1646 - 1716)	
	Jakob Bernoulli (1654 - 1705)	
	Marqués de L'Hôpital (1661 - 1704)	
	Johann Bernoulli (1667 - 1748)	
Bernard Bolzano (1781 - 1848)		Karl Friedrich Gauss (1777 - 1855)
Hermann von Helmholtz (1821 - 1894)		
Leopold Kronecker (1823 - 1891)		Richard Dedekind (1831 - 1916)
		Georg Cantor (1845 - 1918)
Max Planck (1858 - 1947)		Giuseppe Peano (1858 - 1932)
		Cesare Burali-Forti (1861 - 1931)

¿El infinito es real?		
Sí	Tal vez	No
		David Hilbert (1862 - 1943)
		Gösta Mittag-Leffler (1864 - 1927)
	Albert Einstein (1879 - 1955)	Ernst Zermelo (1871 - 1953)
		Erwin Schrödinger (1887 - 1961)
		Thoralf Skolem (1887 - 1963)
		Abraham Fraenkel (1891 - 1965)
		Kurt Gödel (1906 - 1978)
		Paul Cohen (1934 - 2007)
	Hugh Woodin (1955 -)	

Bibliografía recomendada

Libros

A. D. Aczel, *The Mystery of the Aleph*, Nueva York, Washington Square Press, 2001.

Este libro, que se puede leer como una novela, recoge la historia del infinito actual a través de su principal artífice, Georg Cantor. Es interesante la conexión que establece con la mística de la cábala.

M. Baaz / Ch. H. Papadimitriou / H. W. Putnam / D. N. Scott / Ch. L. Harper, *Kurt Gödel and the Foundations of Mathematics*, Nueva York, Cambridge University Press, 2011.

Se trata de un compendio interdisciplinar sobre la obra de Kurt Gödel: filosofía, lógica y, especialmente, teoría de conjuntos y el origen de los grandes cardinales, junto con sus aplicaciones actuales.

D. M. Gabbay / J. Woods (eds.), *Handbook of the History of Logic. Logic from Russell to Church*, Ámsterdam, Elsevier, 2009.

El volumen 5 de esta colección eminentemente divulgativa contiene una de las pocas biografías de Thoralf Skolem junto con sus contribuciones a la teoría axiomática de conjuntos, que han quedado olvidadas en favor de Fraenkel.

R. Rashed / N. El-Bizri (Ed.), *Founding Figures and Commentators in Arabic Mathematics*, Routledge, 2012

Se trata de una recopilación de los personajes, y sus logros, más destacados en el Islam de los ss. IX y XX, en lo concerniente a matemáticas, física y astronomía; este libro es el primero de una serie de 5 volúmenes, llamada «Las matemáticas infinitesimales del siglo IX al XI».

Recursos web

Universidad de Buenos Aires (2014). Tópicos de Lógica. Recuperado el 10 de mayo de 2018 de http://www.dm.uba.ar/materias/optativas/topicos_de_logica/2014/2/

El Departamento de Matemática de la Facultad de Ciencias Exactas y Naturales de la Universidad de Buenos Aires (www.cms.dm.uba.ar) proporciona los materiales de algunas asignaturas impartidas en cursos anteriores en acceso libre. En particular, el material de este curso ha servido de base para la presentación de los axiomas de Zermelo y Zermelo-Fraenkel. Si tenéis interés en profundizar en el tema, los apuntes incluyen ejercicios y material adicional.

Springer y The European Mathematical Society (2012), Encyclopedia of Mathematics. Recuperado el 10 de mayo de 2018 de https://www.encyclopediaofmath.org

La editorial Springer y la Sociedad Europea de Matemáticas decidieron poner a disposición los contenidos de la Encyclopaedia of Mathematics (Kluwer Academic Press, 2012) en acceso libre. Es una buena referencia para encontrar definiciones matemáticas precisas.

El presente libro se terminó de imprimir el 19 de septiembre de 2024, justo 52 años después de que el autor de este libro viera la luz en Barcelona, y justo 30 años después de que Andrew Wiles encontrara la clave para la demostración del último teorema de Fermat, formulado 357 años antes. Algunos expertos habían predicho que llevaría un tiempo infinito finalizar la demostración, pero Wiles demostró que, en lo que referente a este teorema, el infinito no existe.

El 19 de septiembre es también Día Mundial de Hablar como un Pirata (o, mejor dicho, de hablARRR como un pirata) y, en consecuencia, es un día sagrado para los seguidores de la religión del Monstruo del Espagueti Volador. Quizás sea el momento, en un día tan señalado, de recordar una frase sobre el infinito, atribuida a Einstein: «Dos cosas son infinitas: el universo y la estupidez humana».